Packt>

Python 计算机视觉和自然语言处理

开发机器人应用系统

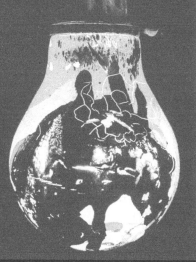

[西] 阿尔瓦罗·莫雷纳·阿尔贝罗拉（Álvaro Morena Alberola）
贡萨洛·莫利纳·加列戈（Gonzalo Molina Gallego） 著
乌奈·加雷·马埃斯特雷（Unai Garay Maestre）

倪琛 译

人民邮电出版社

北京

图书在版编目（CIP）数据

Python计算机视觉和自然语言处理：开发机器人应
用系统 / （西）阿尔瓦罗·莫雷纳·阿尔贝罗拉，（西）
贡萨洛·莫利纳·加列戈，（西）乌奈·加雷·马埃斯特
雷著；倪琛译. -- 北京：人民邮电出版社，2021.6（2022.6重印）
　ISBN 978-7-115-56062-9

Ⅰ. ①P… Ⅱ. ①阿… ②贡… ③乌… ④倪… Ⅲ. ①
计算机视觉－软件工具－程序设计②自然语言处理－软件
工具－程序设计 Ⅳ. ①TP311.56

中国版本图书馆CIP数据核字(2021)第037176号

　著　　　[西] 阿尔瓦罗·莫雷纳·阿尔贝罗拉（Álvaro Morena Alberola）
　　　　　[西] 贡萨洛·莫利纳·加列戈（Gonzalo Molina Gallego）
　　　　　[西] 乌奈·加雷·马埃斯特雷（Unai Garay Maestre）
　译　　　倪　琛
　责任编辑　胡俊英
　责任印制　王　郁　焦志炜

人民邮电出版社出版发行　　　北京市丰台区成寿寺路 11 号
邮编　100164　　电子邮件　315@ptpress.com.cn
网址　https://www.ptpress.com.cn
北京七彩京通数码快印有限公司印刷

开本：800×1000　1/16
印张：17　　　　　　　　　　　　　2021 年 6 月第 1 版
字数：337 千字　　　　　　　　　　2022 年 6 月北京第 2 次印刷
著作权合同登记号　图字：01-2020-4473 号

定价：89.90 元

读者服务热线：(010)81055410　印装质量热线：(010)81055316
反盗版热线：(010)81055315
广告经营许可证：京东市监广登字 20170147 号

内容提要

　　机器人是人工智能时代的重要产物，为人类的工作和生活提供了非常多的助力。对于智能机器人而言，视觉识别能力和对话能力是非常重要的两个方面，本书就是基于这两个技术展开介绍，并通过一系列的编程案例和实践项目，引导读者高效掌握机器人的开发技巧。

　　本书基于 Python 语言进行讲解，结合机器人操作系统（ROS）平台给出了丰富多样的机器人开发方案。本书立足于机器人的视觉和语言处理，通过 OpenCV、自然语言处理、循环神经网络、卷积神经网络等技术提高机器人的视觉识别能力和对话能力。全书包括多个练习和项目，通过知识点和编程实践相结合的方式，快速带领读者掌握实用的机器人开发技术。

　　本书适合机器人或智能软硬件研发领域的工程师阅读，也适合高校人工智能相关专业的师生阅读。

作者简介

内容简介

阿尔瓦罗·莫雷纳·阿尔贝罗拉（**Álvaro Morena Alberola**）是一名热爱机器人学和人工智能的计算机工程师，目前从事软件开发工作。Álvaro 对基于人工视觉的人工智能（AI）核心部分非常感兴趣，并且喜欢尝试新技术和先进的工具。对他来说，机器人可以让人类的生活更轻松，并且可以帮助人们完成他们自己无法完成的任务。

贡萨洛·莫利纳·加列戈（**Gonzalo Molina Gallego**）是一名计算机科学专业的硕士，主修人工智能和自然语言处理。他构建过基于文本的对话系统和对话代理，擅长提供方法论层面的建议。目前，他致力于研究跨领域对话系统方向的新技术。Gonzalo 认为，未来的用户界面是基于对话的。

乌奈·加雷·马埃斯特雷（**Unai Garay Maestre**）是一名计算机科学专业的硕士，主修人工智能和计算机视觉。在为 2018 年的 CIARP 大会贡献的一篇论文中，他提出了一种使用变分自编码器进行数据增强的新方法。他同时是一名机器学习工程师，使用深度神经网络处理图像。

前言

本书首先介绍机器人背后的理论；然后介绍机器人开发的不同方法，以及计算机视觉的相关算法及其局限性；接下来介绍如何使用自然语言处理命令来控制机器人。本书还会介绍 Word2Vec 和 GloVe 这两种词嵌入技术、非数值数据、循环神经网络（RNN），以及基于 RNN 的先进模型；介绍如何使用 Keras 创建简单的 Word2Vec 模型，如何构建卷积神经网络（CNN），以及如何通过数据增强和迁移学习来进行模型优化。本书还会简单介绍机器人操作系统（ROS），带领读者构建用来管理机器人的对话代理，并将其集成在 ROS 中，实现将图像转换为文本和将文本转换为语音的功能。最后，本书将介绍如何利用一段视频来构建物体识别系统。

阅读完本书之后，读者将拥有足够的技能来构建一个环境信息提取应用，并可以将其集成在 ROS 中。

学习目标

- 探索 ROS 并构建一个基础的机器人系统。

- 利用自然语言处理（NLP）技术识别对话意图。

- 学习并使用基于 Word2Vec 和 GloVe 的词嵌入。

- 使用深度学习实现人工智能（AI）和物体识别。

- 利用 CNN 开发一个简单的物体识别系统。

- 通过在 ROS 中集成 AI 来赋予机器人识别物体的能力。

目标读者

本书适合想学习如何结合计算机视觉和深度学习技术来创建完整机器人系统的机器人工程师阅读。阅读本书时，如果读者在 Python 和深度学习方面有一定基础，那么会更利于理解本书中的内容；如果读者拥有构建 ROS 的经验，则是锦上添花。

本书概述

本书立足实践，帮助读者掌握足够的工具来创建集成计算机视觉和 NLP 的机器人控制系统。本书分为 3 个部分：NLP、计算机视觉和机器人学。本书先介绍详细的基础知识，然后再探讨高级问题。本书还涵盖一些实践项目，供读者在对应情境下实践并应用所掌握的新技能。

最低硬件需求

为保证最佳学习体验，本书推荐计算机的硬件配置如下。

- 处理器：2 GHz 双核处理器或性能更好的处理器。
- 内存：8 GB RAM。
- 存储空间：5 GB 可用的硬盘空间。
- 良好的网络连接。

本书推荐使用 **Google Colab** 训练神经网络模型。如果希望在自己的计算机上进行训练，你将会需要 NVIDIA GPU。

软件需求

鉴于与 ROS Kinetic 兼容的问题，如果你希望使用 Ubuntu 18.04，可以使用它支持的 ROS 版本 Melodic。为了完成本书项目中的全部练习，你将需要安装一些库，例如 NLTK（版本不高于 3.4）、spaCy（版本不高于 2.0.18）、gensim（版本不高于 3.7.0）、NumPy（版本不高于 1.15.4）、sklearn（版本不高于 0.20.1）、Matplotlib（版本不高于 3.0.2）、OpenCV

（版本不高于 4.0.0.21）、Keras（版本不高于 2.2.4），以及 Tensorflow（版本介于 1.5 到 2.0 之间）。这些库的安装步骤将会在相应的练习中说明。

如果希望在 Ubuntu 系统上使用 YOLO，你将需要为你的 GPU 安装 NVIDIA 驱动程序，并安装 NVIDIA 的 CUDA 工具包。

安装和设置

开始阅读本书之前，你需要安装以下这些软件。

安装 Git LFS

你需要安装 **Git LFS**（Git Large File Storage，Git 大文件存储），以便从本书的 GitHub 仓库中下载全部资源，并使用其中的图像来训练神经网络模型。Git LFS 会将音频、视频、数据集和图像等类型的大文件替换为 Git 中的文本指针。

如果你还没有复制仓库，请按照如下步骤操作。

1. 安装 Git LFS。

2. 复制 Git 仓库。

3. 在仓库文件夹中执行"gitlfs pull"。

4. 完成。

如果你已经复制了仓库，请按照如下步骤操作。

1. 安装 Git LFS。

2. 在仓库文件夹中执行"gitlfs pull"。

3. 完成。

Google Colaboratory（推荐）

如果条件允许，本书推荐使用 Google Colaboratory。它是一个免费的 Jupyter Notebook 环境，无须配置，完全运行在云端，而且可以在 GPU 上运行。

Google Colaboratory 的使用步骤如下。

1. 将完整的 GitHub 仓库上传到你的 Google Drive 账户上，以便使用仓库中的文件。注意，请确保你使用了 Git LFS 来加载所有文件。

2．移动到你想要新建 Google Colab Notebook 的文件夹位置，单击 New > More > Colaboratory。这样就打开了一个 Google Colab Notebook，并保存在相应的文件夹中，然后就可以使用 Python、Keras 或者其他已安装的库了。

3．如果希望安装某个库，可以使用 pip 软件包安装工具或者其他的命令行安装工具，但是需要在开头添加"!"。例如，可以执行"!pip install sklearn"来安装 scikit-learn。

4．如果希望从你的 Google Drive 中加载文件，可以在 Google Colab 的单元格中执行以下两行代码：

```
from google.colab import drive
drive.mount('drive')
```

5．打开单元格输出中的链接，使用你创建 Google Colab Notebook 账户时使用的 Google 账户登录。

6．可以使用 **ls** 命令列举当前文件夹中的文件，如图 0.1 所示；也可以使用 **cd** 命令来移动到文件上传的位置。

7．这样就可以使用 Google Colab Notebook 加载文件和执行任务了，就像是使用在同一个文件夹下打开的 Jupyter Notebook。

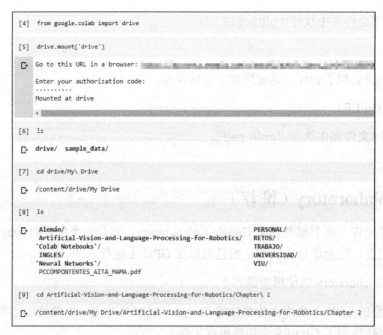

图 0.1　使用 ls 命令的结果

安装 ROS Kinetic

按照以下步骤，在你的 Ubuntu 系统上安装相应框架。

1. 为在 Ubuntu 系统上安装 ROS 软件做准备：

```
sudo sh -c'echo"deb http://packages.ros.org/ros/ubuntu $(lsb_release -sc)
main" > /etc/apt/sources.list.d/ros-latest.list'
```

2. 配置软件包密钥：

```
sudo apt-key adv --keyserver hkp://ha.pool.sks-keyservers.net:80 --recvkey
421C365BD9FF1F717815A3895523BAEEB01FA116
```

3. 更新系统：

```
sudo apt-get update
```

4. 安装完整框架，以免遗漏任何功能：

```
sudo apt-get install ros-kinetic-desktop-full
```

5. 初始化 **rosdep** 并进行更新：

```
sudo rosdep init
rosdep update
```

6. 可以在 **bashrc** 文件中添加相应的环境变量，以免在每次使用 ROS 时声明：

```
echo"source /opt/ros/kinetic/setup.bash" >> ~/.bashrcsource ~/.bashrc
```

 完成以上各步骤之后，可能需要重启计算机才能使新配置生效。

7. 启动框架，检查是否安装正确：

```
roscore
```

配置 TurtleBot

 TurtleBot 和你的 ROS 发行版（本书使用的是 Kinetic Kame）之间可能存在兼容问题，但是没关系，Gazebo 可以模拟很多种机器人。你可以换成其他机器人，并尝试在你的 ROS 发行版中使用。

下面是配置 TurtleBot 的步骤。

1．安装依赖项：

```
sudo apt-get install ros-kinetic-turtlebotros-kinetic-turtlebot-apps
ros-kinetic-turtlebot-interactions ros-kinetic-turtlebot-simulator
ros-kinetic-kobuki-ftdiros-kinetic-ar-track-alvar-msgs
```

2．将 TurtleBot 模拟器软件包下载到你的 **catkin** 工作空间中：

```
cd ~/catkin_ws/src
git clone https://github.com/turtlebot/turtlebot_simulator
```

3．现在你应该可以在 Gazebo 中使用 TurtleBot 了。

如果在 Gazebo 中试图对 TurtleBot 进行可视化时遇到了错误，可以从本书的 GitHub 仓库中下载 **turtlebot_simulator** 文件夹并进行替换。

启用 ROS 服务：

```
roscore
```

启动 TurtleBot World：

```
cd ~/catkin_ws
catkin_make
sourcedevel/setup.bash
roslaunchturtlebot_gazeboturtlebot_world.launch
```

Darknet 基础安装

按照下面的步骤安装 Darknet。

1．下载框架：

```
git clone https://github.com/pjreddie/darknet
```

2．移动至下载下来的文件夹，执行编译命令：

```
cd darknet
make
```

如果编译过程顺利完成，你将会看到类似图 0.2 所示的输出。

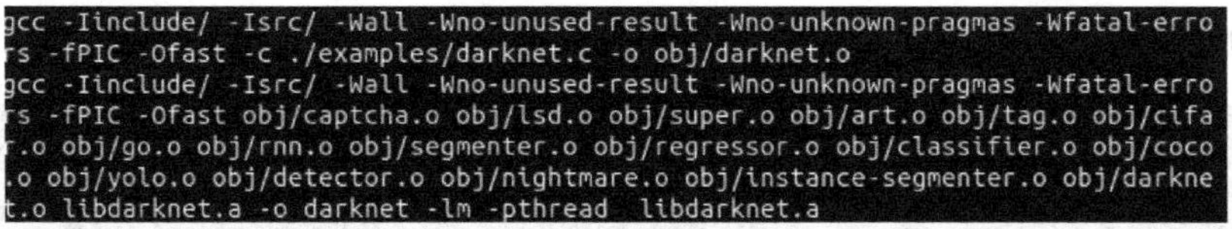

```
gcc -Iinclude/ -Isrc/ -Wall -Wno-unused-result -Wno-unknown-pragmas -Wfatal-erro
rs -fPIC -Ofast -c ./examples/darknet.c -o obj/darknet.o
gcc -Iinclude/ -Isrc/ -Wall -Wno-unused-result -Wno-unknown-pragmas -Wfatal-erro
rs -fPIC -Ofast obj/captcha.o obj/lsd.o obj/super.o obj/art.o obj/tag.o obj/cifa
r.o obj/go.o obj/rnn.o obj/segmenter.o obj/regressor.o obj/classifier.o obj/coco
.o obj/yolo.o obj/detector.o obj/nightmare.o obj/instance-segmenter.o obj/darkne
t.o libdarknet.a -o darknet -lm -pthread  libdarknet.a
```

图 0.2　Darknet 编译输出

Darknet 高级安装

如果希望实现本书每章的学习目标，你需要完成下面的安装流程，这样就可以使用 GPU 计算来实时检测并识别物体了。开始之前，你需要在 Ubuntu 系统中安装好一些依赖项，包括以下几个。

- NVIDIA 驱动程序：可以让系统正确使用你的 GPU。你可能已经知道，系统需要使用 NVIDIA 的 GPU。

- CUDA：一个 NVIDIA 工具包，为构建需要 GPU 的应用提供了开发环境。

- OpenCV：一个自由的人工视觉库，对图像处理的帮助非常大。

> 请注意，所有这些依赖项都有多个版本，你需要找到与你使用的 GPU 和系统相兼容的版本。

一旦系统准备好，你就可以开始进行下面的高级安装了。

1. 下载框架（如果没有在基础安装中下载的话）：

```
git clone https://github.com/pjreddie/darknet
```

2. 修改 Makefile 文件的前几行，以启用 OpenCV 和 CUDA。修改之后的文件看起来应该是这样：

```
GPU=1
CUDNN=0
OPENCV=1
OPENMP=0
DEBUG=0
```

3. 保存对 Makefile 文件的修改，将其移动至 darknet 文件夹中并执行编译命令：

```
cd darknet
make
```

现在你应该可以看到类似图 0.3 所示的输出。

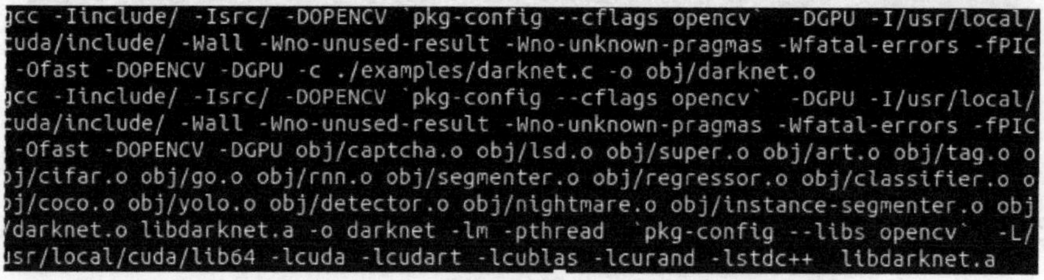

图 0.3 启用 CUDA 和 OpenCV 的 Darknet 编译输出

安装 YOLO

在安装之前，你需要在 Ubuntu 系统上安装一些依赖项（与在 **Darknet 高级安装**部分中提到的相同）。

资源与支持

本书由异步社区出品，社区（https://www.epubit.com/）为您提供相关服务和支持。

配套资源

本书提供配套资源，请在异步社区本书页面中单击 `配套资源` ，跳转到下载界面，按提示进行操作即可。注意：为保证购书读者的权益，该操作会给出相关提示，要求输入提取码进行验证。

提交勘误

作者和编辑尽最大努力来确保书中内容的准确性，但难免会存在疏漏。欢迎您将发现的问题反馈给我们，帮助我们提升图书的质量。

当您发现错误时，请登录异步社区，按书名搜索，进入本书页面，单击"提交勘误"，输入勘误信息，单击"提交"按钮即可（见下图）。本书的作者和编辑会对您提交的勘误进行审核，确认并接受后，您将获赠异步社区的 100 积分。积分可用于在异步社区兑换优惠券、样书或奖品。

扫码关注本书

扫描下方二维码，您将会在异步社区的微信服务号中看到本书信息及相关的服务提示。

与我们联系

我们的联系邮箱是 contact@epubit.com。

如果您对本书有任何疑问或建议，请您发邮件给我们，并请在邮件标题中注明本书书名，以便我们更高效地做出反馈。

如果您有兴趣出版图书、录制教学视频，或者参与图书翻译、技术审校等工作，可以发邮件给我们；有意出版图书的作者也可以到异步社区在线投稿（直接访问 www.epubit.com/ contribute 即可）。

如果您所在的学校、培训机构或企业想批量购买本书或异步社区出版的其他图书，也可以发邮件给我们。

如果您在网上发现有针对异步社区出品图书的各种形式的盗版行为，包括对图书全部或部分内容的非授权传播，请您将怀疑有侵权行为的链接通过邮件发送给我们。您的这一举动是对作者权益的保护，也是我们持续为您提供有价值的内容的动力之源。

关于异步社区和异步图书

"异步社区"是人民邮电出版社旗下 IT 专业图书社区，致力于出版精品 IT 图书和相关学习产品，为作译者提供优质出版服务。异步社区创办于 2015 年 8 月，提供大量精品 IT 图书和电子书，以及高品质技术文章和视频课程。更多详情请访问异步社区官网 https://www.epubit.com。

"异步图书"是由异步社区编辑团队策划出版的精品 IT 专业图书的品牌，依托于人民邮电出版社近 30 年的计算机图书出版积累和专业编辑团队，相关图书在封面上印有异步图书的LOGO。异步图书的出版领域包括软件开发、大数据、人工智能、测试、前端、网络技术等。

异步社区

微信服务号

目录

第 1 章
机器人学基础

学习目标

阅读完本章之后，你将能够：

- 描述机器人学历史上的重要事件；

- 解释使用人工智能、人工视觉和自然语言处理的重要性；

- 按照目标或功能对机器人进行分类；

- 识别机器人的各个组成部分；

- 利用测距法估计机器人的位置。

本章首先简要介绍机器人学的历史，然后介绍机器人以及机器人硬件的不同类别，最后介绍如何使用测距法求出机器人的位置。

1.1 简介

目前，在工业领域、研究实验室、大学，甚至我们的家里，都有机器人的身影。机器人学这门学科仍然在不断发展，这也是它值得学习的原因之一。每个机器人都需要有人为它编写程序，即使是基于人工智能（Artificial Intelligence，AI）和自主学习的机器人，也需要有人为它赋予初始目标。出现故障的机器人既离不开技术人员，也离不开持续的维护；而基于 AI 的系统若想发挥效用，则离不开持续的数据输入和监控。

在本书中，你将学习并实践许多有趣的技术，其中重点是计算机视觉、自然语言处理，以及如何使用机器人和模拟器进行工作。这将为你在机器人学的一些前沿领域打下坚实的基础。

1.2 机器人学的历史

机器人学（robotics）源于创造智能机器来执行人类难以完成的任务这一需求。不过，这门学科最初并非称作"机器人学"。机器人（robot）这个术语是捷克作家卡雷尔·恰佩克（Karel Čapek）在他的剧本《罗梭的万能工人》中发明的。该词来源于捷克语单词 robota，意思是奴役，和被迫劳动有关。

恰佩克的剧本随后享誉世界，"机器人"这个术语也随之广为传播。受此影响，著名教师及作家艾萨克·阿西莫夫（Isaac Asimov）后来在他的作品中也使用了该词，并且发明了"机器人学"这个术语，意为研究机器人及其特征的科学。

表 1-1 所示为涵盖机器人学的开端和发展的时间线，其中包含了机器人学历史中的重要事件。

表 1-1　　　　　　　　　　　机器人学的发展历史

事件	年份	说明
达·芬奇的机器人	1495	1950 年，人们在达·芬奇的手稿中找到了一份机器人设计笔记。虽然我们无从知晓达·芬奇是否尝试建造过这个机器人，但是从设计上来看，这个机器人似乎能够以完美符合解剖学的方式做出一些人类的动作
《罗梭的万能工人》	1921	《罗梭的万能工人》是卡雷尔·恰佩克创作的一部舞台剧剧本，故事围绕一家机器人公司展开，该公司生产用来帮助人类执行各种任务的机器人
机器人三定律	1942	即艾萨克·阿西莫夫在他的许多书和故事中提到的机器人三定律： • 机器人不得伤害人类个体或者目睹人类个体将遭受危险而袖手旁观； • 机器人必须服从人类发布给它的命令，当该命令与第一、第三定律冲突时例外； • 机器人在不违反第一、第二定律的情况下要尽可能保护自己

续表

事件	年份	说明
沃尔特的乌龟机器人	1953	沃尔特的乌龟机器人是由两个传感器、两个执行器和两个神经元构成的一台模拟设备。 该机器人具有以下几种行为： • 寻找光源； • 接近微弱的光源； • 远离明亮的灯光； • 推开途中的障碍物以及调整方向
Unimate	1956	世界上第一个工业机器人，其任务是从装配线运输压铸件，并将这些零件焊接在汽车车身上
Shakey	1969	Shakey 是第一个能够规划自身行为的移动式通用机器人，同时也是第一个将计算机视觉与自然语言处理相结合的机器人
苏联的火星探测机器人	1971	苏联为探索火星而发射的机器人
美国的火星探测机器人	1977	美国为探索火星而发射的机器人
阿西莫夫的《机器人短篇全集》	1982	《机器人短篇全集》是阿西莫夫最重要的作品之一，包含了他在 1940～1976 年创作的一些故事
具有人类特性的机器人	现在	如今，许多仿人机器人都在开发之中，机器人已经可以执行越来越多的复杂任务，并且有望比人类做得更好

1.3　人工智能

人工智能（AI）是旨在让机器人获得和人类相同的能力而开发的一套算法。AI 使得机器人可以自己做决定、与人类互动以及识别物体。如今，这种智能不仅体现在机器人身上，还体现在大量其他应用和系统里（尽管人们可能没有意识到这一点）。

现实中的很多产品已经使用了 AI 技术，下面列举其中的一些产品作为示例。你也同样可以构建如此有趣的应用。

- **Siri**：这是苹果公司开发的语音助手，内置于苹果的智能手机和平板电脑中。Siri 非常实用，因为它是联网的，所以可以即时查找数据、发送信息、查询天气以及完成许多其他任务。

- **Netflix**：Netflix 是一个在线影视服务，是基于 AI 开发的一个能够实现精准推荐的系统。该系统可以根据用户的观看历史向用户推荐内容，例如，如果一位用户通常观看爱情片，那么该系统就会推荐爱情主题的电影或电视剧。
- **Spotify**：Spotify 是一个类似于 Netflix 的在线音乐服务，利用其推荐系统为用户推荐其可能感兴趣的歌曲。作为推荐依据，Spotify 会参考用户之前听过和收藏的歌曲。
- **特斯拉的自动驾驶汽车**：这种汽车所使用的 AI 可以检测障碍物、行人，甚至交通信号灯，从而确保乘客的安全。
- **吃豆人**：和其他电子游戏一样，吃豆人游戏中的敌人也是使用 AI 编程的。这些敌人利用一种特殊技术，在考虑墙壁的情况下，不断计算碰撞距离，同时试图抓住吃豆人。吃豆人这个游戏本身非常简单，相应的算法也不是非常复杂，但是很好地说明了 AI 在娱乐领域的重要性。

1.3.1 自然语言处理简介

自然语言处理（Natural Language Processing，NLP）是 AI 中的一个专门领域，旨在研究实现人类与机器之间的交流的不同方式。NLP 是一种能够让机器人理解并使用人类语言的技术。

对用户来说，如果一款应用可以与用户交流，那么这种交流最好类似于人与人之间的对话。如果仿人机器人病句迭出，或是答非所问，那么用户体验一定不会很好，这种机器人对消费者也就没什么吸引力了。因此，在机器人学中，理解并善用 NLP 是一件非常重要的事情。

下面列举了一些使用了 NLP 的真实应用。

- **Siri**：苹果公司的语音助手 Siri 利用 NLP 理解用户所说的话，并给予用户有意义的答复。
- **Cortana**：这是微软开发的语音助手，内置于 Windows 10 操作系统中，它的工作方式与 Siri 类似。
- **Bixby**：Bixby 是近年来三星手机中内置的语音助手，其带来的用户体验与 Siri 或 Cortana 类似。

 你可能会问，这 3 个语音助手哪个最好？这个问题的答案取决于用户的个人喜好。

- **电话总机**：如今，客服电话一般由电话答录机应答；这些电话答录机大多是电话总机，通过接收用户的按键输入进行工作。大多数电话总机使用 NLP 开发而来，能够在电话上与客户进行更真实的对话。

- **Google Home**：Google Home 是谷歌的虚拟家居助手，利用 NLP 回答用户的问题，执行给定的任务。

1.3.2　计算机视觉简介

计算机视觉（computer vision）是机器人学中一种常用的技术，可以使用不同的摄像机来模拟人眼的生物力学三维运动。计算机视觉可以定义为用来获取、分析和处理图像并将其转换为对计算机有价值的信息的一组方法。在这个过程中，收集到的信息被转换为数字数据，以便计算机利用。后面的章节会对此进行介绍。

下面列举了一些使用了计算机视觉的真实应用。

- **自动驾驶汽车**：自动驾驶汽车利用计算机视觉来获取交通和环境信息，然后基于这些信息来决定应该做什么。例如，如果自动驾驶汽车在摄像机中检测到了一个正在过马路的行人，就会停车。

- **手机相机应用**：很多基于手机的相机应用会内置一些特效，用于对使用手机相机拍摄的照片进行修改。例如，Instagram 允许用户添加实时滤镜，通过将用户面部与滤镜相匹配来修改图像。

- **网球中的鹰眼**：这是网球运动中使用的一种基于计算机视觉的系统，用来追踪网球的轨迹，展示网球在球场上最有可能出现的路径，以检查网球是否能落在界内。

1.3.3　机器人的类型

如果要讨论 AI 和 NLP，就一定要了解一下真实的机器人，因为这样可以让你理解现有的各种模型的进展状况。下面介绍一下已知的各种机器人的类型。一般来说，机器人可以分为两类：工业机器人和服务机器人。下面将对此进行探讨。

1.3.3.1　工业机器人

工业机器人用在工业制造中，一般不具有人的外形，看上去和其他机器没什么差别，因为工业机器人就是用来执行某种特定的工业任务的。

1.3.3.2　服务机器人

服务机器人以部分自主或全自主的方式工作，帮助人类执行各种任务。服务机器人可以进一步分为以下两类。

- **个人机器人**：个人机器人通常用于执行简单的家庭保洁任务或者用在娱乐行业中。人们在谈到机器人时，一般在脑海中浮现的就是这种机器人。在人们的印象中，个人机器人通常具有仿人类的特性。

- **野外机器人**：野外机器人用于执行军事任务和探索任务。这种机器人使用耐性材料制造，因为它们必须能够抵御强烈的太阳光和适应其他各种外部环境。

下面列举了一些现实中的个人机器人。

- **Sophia**：这是汉森机器人技术公司创造的一个仿人机器人，其设计理念是与人类一起生活，并向人类学习。

- **Roomba**：这是 iRobot 公司生产的扫地机器人。Roomba 具有一个带轮子的圆形基座，能够在房屋中移动，同时计算出可以覆盖全部区域的最高效的移动方式。

- **Pepper**：Pepper 是软银机器人公司设计的一款社交机器人。Pepper 虽然拥有人类的外形，但是并不使用双腿移动，而是利用一个带轮子的基座来进行灵活的移动。

1.3.4　机器人的硬件和软件

和其他的计算机系统一样，机器人也是由硬件和软件构成的。一个机器人所具有的软件和硬件的类型取决于它的用途和它的设计者，但是有一些硬件部件的类型在机器人中比较常用，这些部件会在本章中介绍。

下面是所有机器人都具有的 3 类部件。

- **控制系统**：控制系统是机器人的核心部件，与其他所有需要进行控制的部件相连接。控制系统通常是一个微控制器或者微处理器，其性能取决于具体的机器人。

- **执行器**：执行器是机器人用来对外部环境进行改造的部件，例如用来驱动机器人的电机、用来发声的扬声器。

- **传感器**：这类部件负责获取信息，以便机器人在这些信息的基础上进行适当的输出。所获取的信息可以是关于机器人的内部状态的，也可以是关于其外部环境的。据此可以将传感器分为以下两类。

  - **内部传感器**：内部传感器大多用于测量机器人的位置，所以通常位于机器人内部。下面列举了一些机器人可以使用的内部传感器。

    光遮断器：这是一种可以检测到任何穿过其内槽的物体的传感器。

编码器：编码器是一种可以将微小的运动转换为电信号的传感器。控制系统会基于编码器输出的电信号来采取行动。例如，在电梯中使用的编码器会在电梯抵达正确的楼层后通知控制系统。根据编码器的轴的转动次数，可以推算出编码器输出的能量大小。在这个过程中，编码器将位移运动转换为了一定大小的能量。

信标和 GPS 系统：信标和 GPS 系统是用来估算物体位置的传感器。GPS 系统可以利用从卫星上获取的信息来完成这项任务。

- **外部传感器**：外部传感器用来从机器人周围获取数据。外部传感器包括距离传感器、接触传感器、光线传感器、颜色传感器、反射式传感器和红外传感器。

图 1.1 所示为以图形化方式展示的机器人的组成部分。

为了更好地理解图 1.1，下面在一个模拟情景中看看机器人的各个部件是如何工作的。假设机器人接收了从 *A* 点移动到 *B* 点的指令，如图 1.2 所示。

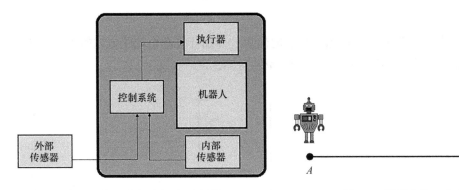

图 1.1　机器人组成部分示意图　　　　图 1.2　机器人从 *A* 点出发

这个机器人使用 GPS（这是一种**内部传感器**）持续检查机器人的位置，从而判断是否已经抵达 *B* 点，如图 1.3 所示。GPS 会计算出机器人的坐标，然后发送给**控制系统**进行处理。如果机器人没有到达 *B* 点，**控制系统**会让**执行器**继续前进。

另一方面，如果 GPS 向**控制系统**发送的坐标与 *B* 点的坐标一致，那么**控制系统**就会命令**执行器**终止该过程，机器人便会停止移动，如图 1.4 所示。

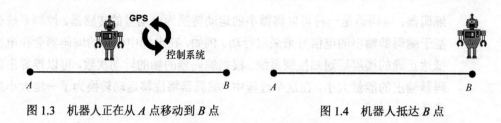

图 1.3 机器人正在从 A 点移动到 B 点   图 1.4 机器人抵达 B 点

1.4 机器人定位

使用上一节介绍的内部传感器,我们可以计算机器人经过一定位移之后的位置。这种技术称为**测距法**(odometry),使用编码器进行计算。测距法的主要优点和缺点如下。

- 优点:不需要使用外部传感器,从而让机器人的造价更低。

- 缺点:最终得出的结果不完全准确,其结果取决于地面和轮子的状态。

下面介绍测距法的各个计算步骤。假设机器人使用两个轮子进行移动,那么计算步骤如下。

1. 利用从机器人发动机编码器中提取的信息,分别计算两个轮子走过的距离。图 1.5 所示为针对双轮机器人的情况展示的一个简单示意图。

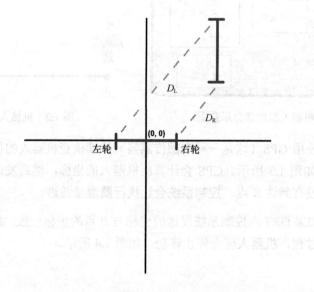

图 1.5 双轮机器人运动示意图(1)

在图 1.5 中，虚线 D_L 表示左轮的位移，虚线 D_R 表示右轮的位移。

2．利用第一步获得的信息，可以计算轮子轴中点的线性位移。图 1.6 所示为在同一个示意图的基础上，使用 Dc 表示轮子轴中点的位移。

 如果轮子有多个轴，那么首先需要研究轮子轴的分布方式，然后再分别计算每个轴的位移。

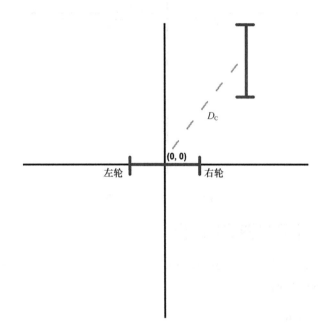

图 1.6　双轮机器人运动示意图（2）

3．利用第一步获得的信息，可以计算机器人的旋转角度。将该角度记为 α。

在本例中，α 为 90°，即机器人旋转了 90°，如图 1.7 所示。

4．获得了所有信息之后，就可以进一步计算机器人的最终位置坐标了，计算方法会在接下来的内容中介绍。

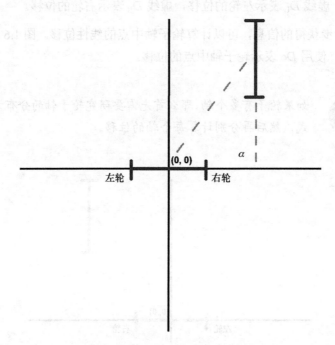

图 1.7   双轮机器人运动示意图（3）

1.4.1   练习 1：计算机器人的位置

在本练习中，我们使用上面介绍的计算步骤，计算一个移动一段时间后的双轮机器人的位置。首先看看下列数据。

- 轮子直径：10 cm。

- 机器人基座长度：80 cm。

- 编码器每圈计数：76。

- 左编码器每 5 秒的计数：600。

- 右编码器每 5 秒的计数：900。

- 初始位置：(0, 0, 0)。

- 移动时间：5 秒。

编码器每圈计数（counts per lap）是一个测量单位，用来计算编码器围绕其轴旋转一圈产生的能量大小。例如，根据上面的信息，左编码器每 5 秒计数 600 次，编码器每圈计数 76 次。由此可得，编码器在 5 秒内会完整旋转 7 圈（准确来说是 600/76 圈）。知道了旋转 1 圈产生的能量，也就知道了在 5 秒内产生的能量。

初始位置中的前两个数字分别代表 x 和 y 坐标，最后一个数字代表机器人的旋转角度。旋转角度是相对的，你需要知道初始方向是什么。

然后按以下步骤计算。

1. 计算每个轮子走过的距离。先计算每个编码器在机器人移动过程中的计数次数，计算方法是用移动时间除以每个编码器的单位时间，再乘以每个编码器在单位时间内的计数：

(移动时间/编码器单位时间) × 左编码器在单位时间内的计数= (5/5) × 600 = 600 次

(移动时间/编码器单位时间) × 右编码器在单位时间内的计数= (5/5) × 900 = 900 次

得到的结果可以用来计算轮子走过的距离。由于轮子是圆形的，每个轮子走过距离的计算方法如下：

（$2\pi r$/编码器每圈计数）× 左编码器总计数= $(10\pi/76) \times 600 = 248.02$ cm

（$2\pi r$/编码器每圈计数）× 右编码器总计数= $(10\pi/76) \times 900 = 372.03$ cm

2. 计算轮子轴中点的线性位移，计算方法如下：

(左轮距离 + 右轮距离) / 2= (248.02 + 372.03) / 2 = 310.03 cm

3. 计算机器人的旋转角度。首先计算两个轮子的距离之差，然后除以基座长度：

(右轮距离 − 左轮距离) / 基座长度= (372.03 − 248.02) / 80 = 1.55 弧度

4. 分别求出最终位置的各个组成部分，计算公式如下：

最终 x 坐标 = 初始 x 坐标 +(轮子轴位移 × 旋转角度余弦) = 0 + [310.03 × cos (1.55)] = 6.45

最终 y 坐标 = 初始 y 坐标 +(轮子轴位移 × 旋转角度正弦) = 0 + [310.03 × sin (1.55)] = 309.96

最终旋转角度 = 初始旋转角度 + 旋转角度= 0 + 1.55= 1.55

因此，经过此次移动，机器人的位置从(0, 0, 0)变为(6.45, 309.96, 1.55)。

1.4.2 如何进行机器人开发

和其他类型的软件开发一样，机器人应用和程序的实现也有很多不同的方式。

在接下来的章节中，我们会用到一些框架和技术，这些框架和技术有助于对具体问题进行抽象，开发出易于适应各种机器人和设备的解决方案。在本书中，我们将使用**机器人操作系统**（Robot Operating System，ROS）来实现这一目的。

在开始进行机器人开发之前，还需要考虑一下编程语言的问题。你一定已经了解并使用过一些不同的编程语言了，但哪一种最合适呢？真正的答案是，没有哪种编程语言是最合适的，应该视情况而定。鉴于我们希望解决的问题，本书将会使用 Python。你可能已经知道，Python 是一门解释型的、高级的、通用的编程语言，用途涵盖 AI 和机器人学等领域。

和其他编程语言一样，使用 Python 可以为机器人开发出你想要的功能，例如让机器人在识别到人时简单打个招呼，让机器人在"听到"音乐时跳舞。

如果你还不熟悉 Python，下面的练习和项目会为你介绍 Python 在机器人学中的应用。

1.4.3 练习 2：使用 Python 计算轮子走过的距离

这个练习会实现一个简单的 Python 函数，该函数按照"练习 1"中的计算步骤计算轮子走过的距离。各个步骤如下。

1. 导入所需的库。这里需要用到π：

```
from math import pi
```

2. 创建带参数的函数。计算轮子走过的距离时，需要用到以下参数：

- 轮子直径（以 cm 为单位）；
- 编码器每圈计数；
- 用来测量编码器计数的秒数；
- 轮子编码器在给定秒数内的计数；
- 移动总时长。

函数定义如下:

```
def wheel_distance(diameter, encoder, encoder_time, wheel, movement_time):
```

3．实现函数。计算编码器测量的距离:

```
time = movement_time / encoder_time
wheel_encoder = wheel * time
```

4．利用上面得到的距离，计算轮子走过的距离:

```
wheel_distance = (wheel_encoder * diameter * pi) / encoder
```

5．返回最终值:

```
return wheel_distance
```

6. 为了检查函数的实现是否正确，可以向该函数传递一定的参数，然后再通过人工计算来检验:

```
wheel_distance(10, 76, 5, 400, 5)
```

该函数调用应该返回 165.34698176788385。

轮子走过的距离如图 1.8 所示。

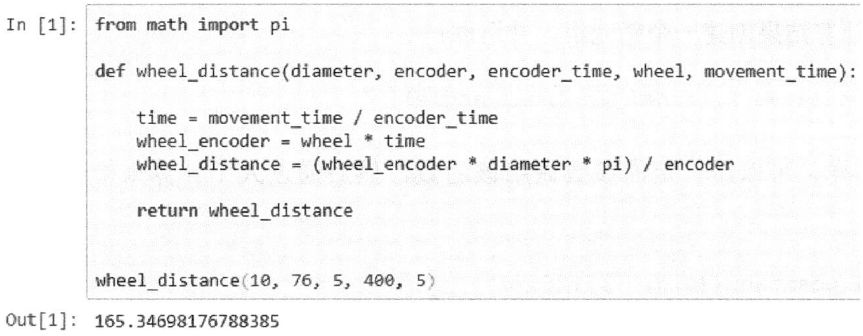

```
In [1]:  from math import pi

         def wheel_distance(diameter, encoder, encoder_time, wheel, movement_time):

             time = movement_time / encoder_time
             wheel_encoder = wheel * time
             wheel_distance = (wheel_encoder * diameter * pi) / encoder

             return wheel_distance

         wheel_distance(10, 76, 5, 400, 5)

Out[1]:  165.34698176788385
```

图 1.8　轮子走过的距离

1.4.4　练习 3: 使用 Python 计算机器人的最终位置

在这个练习中，给定机器人的初始位置、轮子轴走过的距离和机器人的旋转角度，使用 Python 计算机器人的最终位置。计算步骤如下。

1. 导入 sin 和 cos 函数：

```
from math import cos, sin
```

2. 创建函数。该函数需要以下参数：

- 机器人的初始位置（坐标）；
- 机器人中心轴走过的距离；
- 机器人相对于初始位置的旋转角度。

```
def final_position(initial_pos, wheel_axis, angle):
```

然后利用"练习1"中的公式，编写该函数。

下面展示了一种编写方式：

```
final_x = initial_pos[0] + (wheel_axis * cos(angle))
final_y = initial_pos[1] + (wheel_axis * sin(angle))
final_angle = initial_pos[2] + angle
```

 你可能已经注意到了，初始位置是使用一个元组来表示的，第一个元素代表 x 坐标，第二个元素代表 y 坐标，最后一个元素代表初始角度。

利用计算结果创建一个新元组，并返回：

```
return(final_x, final_y, final_angle)
```

3. 同样，可以用一定的参数调用该函数，然后通过人工计算来检查函数的实现是否正确：

```
final_position((0,0,0), 125, 1)
```

上一行代码应该返回以下结果：

```
(67.53778823351747, 105.18387310098706, 1)
```

图1.9所示为机器人的最终位置。

```
In [1]: from math import cos, sin

        def final_position(initial_pos, wheel_axis, angle):
            final_x = initial_pos[0] + (wheel_axis * cos(angle))
            final_y = initial_pos[1] + (wheel_axis * sin(angle))
            final_angle = initial_pos[2] + angle

            return(final_x, final_y, final_angle)

        final_position((0,0,0), 125, 1)
Out[1]: (67.53778823351747, 105.18387310098706, 1)
```

图 1.9 机器人的最终位置（1）

1.4.5 项目1：使用 Python 和测距法进行机器人定位

这个项目的目标是创建一个系统，用于检测机器人移动一段时间之后的位置。利用下面的数据，请编写一个 Python 函数来计算机器人的最终位置。

- 轮子直径：10 cm。

- 机器人基座长度：80 cm。

- 编码器每圈计数：76。

- 用来测量编码器计数的秒数：600 秒。

- 左右编码器在给定秒数内的计数：900 次。

- 初始位置：(0, 0, 0)。

- 移动时长：5 秒。

 可以借助前几个练习中的函数来完成这个项目。那些函数中的一些步骤是可以在这里复用的。

可以参考以下步骤完成本项目。

1. 计算每个轮子走过的距离。

2. 计算轮子轴走过的距离。

3. 计算机器人的旋转角度。

4. 计算机器人的最终位置。

机器人的最终位置如图 1.10 所示。

Out[7]: (6.4072682633830995, 309.9593745532724, 1.5501279540739117)

图 1.10　机器人的最终位置（2）

本项目的答案参见附录。

1.5　小结

本章带领读者进入了机器人学的世界，介绍了一些先进的技术，例如 NLP、计算机视觉和机器人学。本章用到了 Python，并且接下来的各章还会继续使用。

此外，本章介绍了如何在不借助外部传感器的情况下，利用测距法计算机器人的位置。只要所需数据都是可以获取的，那么计算机器人的位置并不困难。请注意，虽然测距法是一项很棒的技术，但在接下来的各章中将使用其他的方法，利用不同的传感器，得到更精确的结果。

下一章将介绍计算机视觉，并探讨一些更为实际的主题。下一章会介绍机器学习、决策树和人工神经网络，并在计算机视觉中应用这些算法。这些算法不仅会在本书的余下部分中发挥作用，而且也会在你未来的生活或工作中派上用场。

第 2 章
计算机视觉

学习目标

阅读完本章之后，你将能够：

- 解释人工智能和计算机视觉的影响；

- 部署计算机视觉基本算法；

- 开发机器学习基本算法；

- 构建你的第一个神经网络。

本章首先介绍计算机视觉，然后介绍几种重要的计算机视觉和机器学习基本算法。

2.1 简介

人工智能（AI）正在改变一切。AI 试图通过模仿人类智能来完成各种任务。

AI 中进行图像处理的分支称作计算机视觉。计算机视觉是一个跨学科科学领域，试图模仿人类的眼睛。计算机视觉不仅能从像素层面理解图像，而且能通过执行自动化任务和利用算法，获得对图像的更高层次理解。

计算机视觉算法的功能涵盖物体识别、人脸识别、图像分类、图像编辑，以及图像生成。

本章首先介绍计算机视觉，涵盖一些最基本的算法和相应练习；随后介绍机器学习，涵盖从最基本的算法到神经网络的各种算法，以及用来巩固知识的相应练习。

2.2 计算机视觉基本算法

本节首先介绍图像的表示方法；然后介绍一个对执行计算机视觉任务很有帮助的库；接着介绍一些计算机视觉任务和算法的原理，以及编写相应代码的方法。

2.2.1 图像相关术语

若想理解计算机视觉，需要先了解图像的表示方法，以及计算机对图像的解读方式。

对计算机来说，一个图像就是一组数字。具体来说，图像可以表示为一个二维数组，即由 0 到 255 之间的数字构成的一个矩阵（对灰度图像来说，0 代表黑色，255 代表白色），每个数字代表图像中的一个像素值（pixel value），如图 2.1 所示。

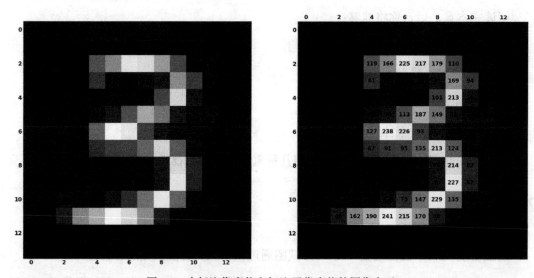

图 2.1　未标注像素值和标注了像素值的图像表示

在图 2.1 中，左图用较低的分辨率展示了数字 3；右图展示了同样的图像，但标注了每个像素的像素值。像素值越高，则颜色越亮；像素值越低，则颜色越暗。

图 2.1 展示的是一个灰度图像，灰度图像是通过一个由 0 到 255 之间的数值组成的二维数组表示的。那么彩色图像（或 RGB 图像）呢？彩色图像是通过 3 层堆叠在一起的二维数组表示的，每层代表一种颜色，3 层相堆叠就形成了彩色图像。

图 2.1 所示的图像是由 14 像素×14 像素的矩阵表示的。对于灰度图像，其维度为 14×14×1，因为只有一个矩阵和一个通道；对于 RGB 图像，其维度为 14×14×3，因为有 3 个通道。总之，计算机就是通过这些像素来理解图像的。

2.2.2 OpenCV

OpenCV 是一个开源的计算机视觉库，拥有 C++、Python 和 Java 的接口，支持 Windows、Linux、macOS、iOS 和安卓系统。

本章提到的所有算法都会借助 OpenCV 在 Python 中进行实现。如果你希望练习这些算法，最好的方式是使用 Google Colab。在完成本章的余下部分之前，你需要安装 Python 3.5 或以上的版本；并且安装 OpenCV、NumPy，以及用于进行可视化的 Matplotlib，这些都是很棒的 AI 库。

2.2.3 阈值化

阈值化（thresholding）常用于对图像进行简化，以便计算机和用户进行图像分析。在阈值化时，每个像素值会和用户设定的阈值进行比较，然后基于比较结果，该像素会转换为白色或黑色。对灰度图像来说，输出的图像是黑白的；对 RGB 图像来说，由于会在每个通道中分别应用阈值，最终输出的仍是彩色图像。

阈值化的方法有很多种，下面列举最常用的几种。

1. **简单阈值化**：如果像素值小于用户设定的阈值，那么将该像素值转换为 0（黑色），否则转换为 255（白色）。简单阈值化又分为以下几种。

- 阈值二值化。
- 阈值反二值化。
- 截断。
- 阈值取零。
- 阈值反取零。

图 2.2 所示为简单阈值化的不同类型。

图 2.2　简单阈值化的不同类型

阈值反二值化与阈值二值化类似，但将黑色和白色进行了对调。简单阈值化中的阈值二值化又称为全局阈值化。

在截断中，像素值如果大于阈值则转换为阈值，否则不变。

在阈值取零中，像素值如果大于阈值则保持不变，否则转换为 0（黑色）；在阈值反取零中则相反，像素值如果大于阈值则转换为 0，否则不变。

 阈值可以基于图像设定，也可以基于用户的需求设定。

2. **自适应阈值化**：简单阈值化使用的是全局阈值，如果图像中不同区域的光线状况不同，那么该算法的效果可能会打折扣；在这种情况下，自适应阈值化可以为图像中的不同区域分别应用不同的阈值，从而得到更好的结果。

自适应阈值化分为两种：

- 自适应均值阈值化；
- 自适应高斯阈值化。

图 2.3 所示为自适应均值阈值化和自适应高斯阈值化之间的差别。

自适应均值阈值化

自适应高斯阈值化

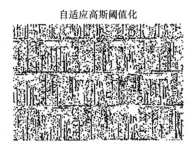

图 2.3 自适应均值阈值化和自适应高斯阈值化之间的差别

在自适应均值阈值化中，阈值是临近区域中像素值的均值；在自适应高斯阈值化中，阈值是邻近区域中像素值的加权和，相应权重是由一个高斯窗函数决定的。

3. **OTSU 阈值化**：在全局阈值化中，阈值是随意指定的。对双峰分布的图像（即图像的像素值分布在两个主要区间中）来说，使用 OTSU 阈值化可以基于图像直方图来自动计算阈值，如图 2.4 所示。**图像直方图**是一种用来对数字图像中的色调分布进行图形化呈现的直方图。

阈值化

图 2.4 OTSU 阈值化

2.2.4 练习 4：对图像应用各种阈值化操作

在 Google Colab 上训练人工神经网络时，会需要使用 Google Colab 提供的 GPU。可以按照以下步骤进行设定：runtime>Change runtime type>Hardware accelerator: GPU> Save。

本书的练习和项目主要在 Google Colab 上进行。除非另有说明，本书推荐为不同的项目创建不同的文件夹。

Dataset 文件夹位于配套资源的 Lesson02/Activity02 文件夹中。

本练习首先加载一张地铁图像，然后对其应用阈值化。

1. 打开 Google Colab。

2. 为本练习创建一个文件夹，然后把 Dataset 文件夹上传到刚才新建的文件夹中。

3. 导入 drive 并执行挂载命令：

```
from google.colab import drive
drive.mount('/content/drive')
```

 每次新建 colaboratory 时，都需要将 drive 挂载到相应文件夹。

首次挂载 drive 时，需要单击 Google 提供的 URL 来获取验证码，然后输入验证码并按 Enter 键，如图 2.5 所示。

```
[1]  from google.colab import drive
     drive.mount('/content/drive')

     Go to this URL in a browser: https://accounts.google.com/o/oauth2/auth?client_id=947318989803-6bn6qk8qdgf4n4g3pfee6491hc0brc4i.apps.googleusercontent.com
     Enter your authorization code:
     ..........
     Mounted at /content/drive
```

图 2.5　Google Colab 验证步骤

4. 设置工作路径：

```
cd /content/drive/My Drive/C13550/Lesson02/Exercise04/
```

 根据你在 Google Drive 上的具体设定，实际路径可能会和步骤 4 中提到的不同，但一定会以/content/drive/My Drive 开头。

目标文件夹中一定要包含 Dataset 文件夹。

5. 导入相应的依赖库：

```
import cv2
from matplotlib import pyplot as plt
```

6. 加载 subway.jpg（即地铁图像），该图像在 OpenCV 中会作为灰度图像处理。接着使用 Matplotlib 进行展示：

```
img = cv2.imread('subway.jpg',0)
plt.imshow(img,cmap='gray')
plt.xticks([]),plt.yticks([])
plt.show()
```

 subway.jpg 位于配套资源的 Lesson02/Exercise04 文件夹中。

展示效果如图 2.6 所示。

图 2.6 加载的地铁图像

7. 利用 OpenCV 中的方法，应用简单阈值化。

OpenCV 中的相应方法称作 cv2.threshold，接收 3 个参数：image（灰度图像）、threshold value（用来对像素值进行分类的阈值）、maxVal［当像素值大于（有时是小于）阈值时用来进行替换的值］。代码如下：

```
_,thresh1 = cv2.threshold(img,107,255,cv2.THRESH_BINARY)
_,thresh2 = cv2.threshold(img,107,255,cv2.THRESH_BINARY_INV)
_,thresh3 = cv2.threshold(img,107,255,cv2.THRESH_TRUNC)
_,thresh4 = cv2.threshold(img,107,255,cv2.THRESH_TOZERO)
_,thresh5 = cv2.threshold(img,107,255,cv2.THRESH_TOZERO_INV)

titles = ['Original Image','BINARY', 'BINARY_INV',
'TRUNC','TOZERO','TOZERO_INV']
images = [img, thresh1, thresh2, thresh3, thresh4, thresh5]
```

```
for i in range(6):
    plt.subplot(2,3,i+1),plt.imshow(images[i],'gray')
    plt.title(titles[i])
    plt.xticks([]),plt.yticks([])
plt.show()
```

效果如图 2.7 所示。

图 2.7　使用 OpenCV 进行简单阈值化

8．应用自适应阈值化。

OpenCV 中的相应方法称作 **cv2.adaptiveThreshold**，接收 3 个特殊输入参数，输出一个参数。输入参数分别是 adaptive method（自适应阈值化方法）、block size（邻近区域的大小），以及 C（用来从均值或者加权均值中减去的常数）；而输出的只有经过阈值化的图像。这一点与全局阈值化不同，因为全局阈值化有两个输出。代码如下：

```
th2=cv2.adaptiveThreshold(img,255,cv2.ADAPTIVE_THRESH_MEAN_C,cv2.THRESH_
BINARY,71,7)
th3=cv2.adaptiveThreshold(img,255,cv2.ADAPTIVE_THRESH_GAUSSIAN_C,cv2.
THRESH_BINARY,71,7)

titles = ['Adaptive Mean Thresholding', 'Adaptive Gaussian Thresholding']
images = [th2, th3]
for i in range(2):
    plt.subplot(1,2,i+1),plt.imshow(images[i],'gray')
    plt.title(titles[i])
    plt.xticks([]),plt.yticks([])
plt.show()
```

效果如图 2.8 所示。

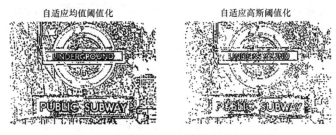

图 2.8　使用 OpenCV 进行自适应阈值化

9．应用 Otsu 阈值化。使用的方法是 cv2.threshold，该方法和简单阈值化的方法类似，不同的是其加上了额外的标识符 cv2.THRESH_OTU：

```
ret2,th=cv2.threshold(img,0,255,cv2.THRESH_BINARY+cv2.THRESH_OTSU)

titles = ['Otsu\'s Thresholding']
images = [th]
for i in range(1):
    plt.subplot(1,1,i+1),plt.imshow(images[i],'gray')
    plt.title(titles[i])
    plt.xticks([]),plt.yticks([])

plt.show()
```

效果如图 2.9 所示。

图 2.9　使用 OpenCV 进行 Otsu 阈值化

现在，你应该学会如何对任意图像应用这几种阈值化的方法了。

2.2.5　形态学变换

形态学变换（morphological transformation）是一组基于形状的简单图像操作，通常用来处理二值图像。形态学变换通常用于将文本从背景或其他形状中区分出来。形态学变换接收两个输入,分别是原始图像和用来决定操作性质的**结构元素**(structuring element)。结构元素也可以称为**核**(kernel)。核通常是一个矩阵,在图像上滑过的同时将矩阵的元素与图像的像素相乘。形态学变换有两种基本操作,分别是腐蚀和膨胀;还有两种变形,分别是开运算和闭运算。应该根据具体任务来选取合适的操作。

- **腐蚀**:对于二值图像中由白色像素表示的形状,腐蚀操作会通过在内外两侧各去掉一个像素来降低厚度,并且可以多次重复这个过程。腐蚀操作的用途有很多种,通常与膨胀操作一起使用,以去掉图像中的孔洞或噪声。图 2.10 所示为在一个内容为数字 3 的图像上应用腐蚀操作的效果。

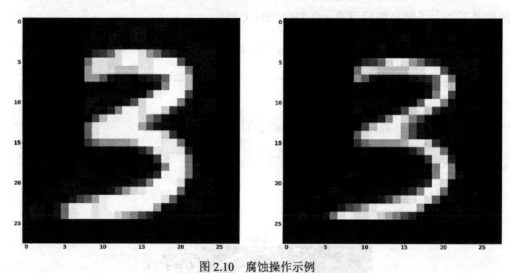

图 2.10　腐蚀操作示例

- **膨胀**:与腐蚀相反,对于二值图像中的形状,膨胀操作会通过在内外两侧各添加一个像素来增加厚度,并且可以多次重复这个过程。膨胀操作的用途有很多种,通常与腐蚀操作一起使用,从而去掉图像中的孔洞或噪声。图 2.11 所示为对图像多次应用膨胀操作的效果。

- **开运算**:开运算先执行腐蚀操作,再执行膨胀操作,通常用于去除图像中的噪声。

- **闭运算**:与开运算相反,闭运算先执行膨胀操作,再执行腐蚀操作,通常用于去除形状中的孔洞。

开运算消除了图像中的噪声,闭运算则完美地填补了图像中随机出现的小孔洞,如图 2.12 所示。对于应用开运算后图像中出现的孔洞,可以通过闭运算填补。

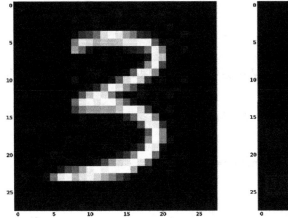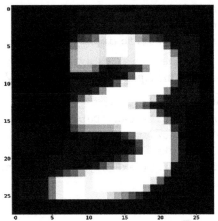

图 2.11 膨胀操作示例

图 2.12 开运算和闭运算示例

还有一些其他的二元操作,以上只是最基本的几种。

2.2.6 练习 5:对图像应用形态学变换

本练习首先加载一个数字图像,然后应用前面介绍的形态学变换。

1.打开 Google Colab。

2.设置工作路径:

```
cd /content/drive/My Drive/C13550/Lesson02/Exercise05/
```

 根据你在 Google Drive 上的具体设定,实际路径可能会和步骤 2 中提到的不同。

3.导入 OpenCV、Matplotlib 和 NumPy 库。NumPy 是 Python 科学计算的核心软件包,在这里用来创建核:

```
import cv2
import numpy as np
from matplotlib import pyplot as plt
```

4. 加载 three.png，该图像在 OpenCV 中会作为灰度图像处理。接着使用 Matplotlib 进行展示：

```
img = cv2.imread('Dataset/three.png',0)
plt.imshow(img,cmap='gray')
plt.xticks([]),plt.yticks([])
plt.savefig('ex2_1.jpg', bbox_inches='tight')
plt.show()
```

 TIP   hree.png 位于配套资源的 Lesson02/Exercise05 文件夹中。

展示效果如图 2.13 所示。

图 2.13   对加载的图像进行展示

5. 利用 OpenCV 中的方法，应用腐蚀操作。

这里用到的方法是 cv2.erode，该方法接收 3 个参数：图像、在图像上滑动的核，以及迭代次数（即该过程的重复次数）。代码如下：

```
kernel = np.ones((2,2),np.uint8)
erosion = cv2.erode(img,kernel,iterations = 1)
plt.imshow(erosion,cmap='gray')
plt.xticks([]),plt.yticks([])
plt.savefig('ex2_2.jpg', bbox_inches='tight')
plt.show()
```

效果如图 2.14 所示。

图 2.14 使用 OpenCV 进行腐蚀操作

可以看到，图形的厚度降低了。

6. 应用膨胀操作。

这里用到的方法是 **cv2.dilate**，该方法接收 3 个参数：图像、核，以及迭代次数。代码如下：

```
kernel = np.ones((2,2),np.uint8)
dilation = cv2.dilate(img,kernel,iterations = 1)
plt.imshow(dilation,cmap='gray')
plt.xticks([]),plt.yticks([])
plt.savefig('ex2_3.jpg', bbox_inches='tight')
plt.show()
```

效果如图 2.15 所示。

图 2.15 使用 OpenCV 进行膨胀操作的输出

可以看到，图形的厚度增加了。

7. 应用开运算和闭运算。

这里用到的方法是 **cv2.morphologyEx**，该方法接收 3 个参数：图像、应用的方法，以及核。代码如下：

```
import random
random.seed(42)
def sp_noise(image,prob):
    '''
```

```
        向图像增加椒盐噪声
        prob: 噪声的概率
        '''
        output = np.zeros(image.shape,np.uint8)
        thres = 1 - prob
        for i in range(image.shape[0]):
            for j in range(image.shape[1]):
                rdn = random.random()
                if rdn < prob:
                    output[i][j] = 0
                elif rdn > thres:
                    output[i][j] = 255
                else:
                    output[i][j] = image[i][j]
        return output

def sp_noise_on_figure(image,prob):
    '''
        向图像增加椒盐噪声
        prob: 噪声的概率
        '''
        output = np.zeros(image.shape,np.uint8)
        thres = 1 - prob
        for i in range(image.shape[0]):
            for j in range(image.shape[1]):
                rdn = random.random()
                if rdn < prob:
                    if image[i][j] > 100:
                        output[i][j] = 0
                else:
                    output[i][j] = image[i][j]
        return output

kernel = np.ones((2,2),np.uint8)
# 增加图形的厚度
dilation = cv2.dilate(img, kernel, iterations = 1)
# 创建有噪声的图像
noise_img = sp_noise(dilation,0.05)
# 创建图形中有噪声的图像
noise_img_on_image = sp_noise_on_figure(dilation,0.15)
# 对含有正常噪声的图像应用开运算
opening = cv2.morphologyEx(noise_img, cv2.MORPH_OPEN, kernel)
# 对图形中有噪声的图像应用闭运算
closing = cv2.morphologyEx(noise_img_on_image, cv2.MORPH_CLOSE, kernel)
```

```
images = [noise_img,opening,noise_img_on_image,closing]
for i in range(4):
    plt.subplot(1,4,i+1),plt.imshow(images[i],'gray')
    plt.xticks([]),plt.yticks([])
plt.savefig('ex2_4.jpg', bbox_inches='tight')
plt.show()
```

效果如图 2.16 所示。

图 2.16 使用 OpenCV 进行开运算和闭运算

 完整代码文件位于配套资源的 Lesson02/Exercise05 文件夹中。

2.2.7 模糊（平滑）

模糊（blurring）操作使用一个卷积核对图像进行卷积操作，简单来说就是将一个由特定值构成的矩阵与图像的每个部分依次相乘，从而达到平滑的目的。模糊操作有助于消除噪声和边缘。

模糊方法有很多种，最重要的是以下 3 种。

- **均值模糊**（averaging blurring）：该方法使用盒式卷积核，在对图像进行卷积操作的过程中，将卷积核中心的像素值替换为卷积核区域内像素值的平均值。

- **高斯模糊**（gaussian blurring）：该方法使用高斯卷积核而不是盒式卷积核，用来消除图像中的高斯噪声。

- **中值模糊**（median blurring）：与均值模糊类似，但该方法将卷积核中心的像素值替换为卷积核区域内像素值的中位数。中值模糊在消除椒盐噪声（即图像中可见的黑点或白点）上具有很好的效果。

图 2.17 所示为不同模糊方法之间的效果对比。

图 2.17　不同模糊方法之间的效果对比

2.2.8　练习6：对图像应用模糊方法

本练习首先加载一个地铁图像，然后对其应用模糊方法。

1. 打开 Google Colab。

2. 设置工作路径：

```
cd /content/drive/My Drive/C13550/Lesson02/Exercise06/
```

根据你在 Google Drive 上的具体设定，实际路径可能会
和步骤 2 中提到的不同。

3. 导入 OpenCV、Matplotlib 和 NumPy 库：

```
import cv2
from matplotlib import pyplot as plt
import numpy as np
```

4. 加载 subway.png，该图像在 OpenCV 中会作为 RGB 图像处理。接着使用 Matplotlib
进行展示：

```
img = cv2.imread('Dataset/subway.jpg')
```

```
#该方法可以将图像转换为 RGB 图像
img = cv2.cvtColor(img, cv2.COLOR_BGR2RGB)
plt.imshow(img)
plt.savefig('ex3_1.jpg', bbox_inches='tight')
plt.xticks([]),plt.yticks([])
plt.show()
```

 subway.png 位于配套资源的 Lesson02/Exercise06 文件
夹中。

展示效果如图 2.18 所示。

图 2.18　将加载的图像作为 RGB 图像展示

5．依次应用前面介绍的模糊方法。

这里用到的方法分别是 cv2.blur、cv2.GaussianBlur 和 cv2.medianBlur。这些方法都接收
图像作为第一参数。cv.blur 另外接收一个参数，即核。cv2.medianBlur 另外接收 3 个参数，
分别是核和两个方向的标准差（sigmaX 和 sigmaY）。若两个标准差都指定为 0，那么将根
据核的大小来计算标准差。cv2.medianBlur 另外接收一个参数，即核的大小。代码如下：

```
blur = cv2.blur(img,(51,51)) # 应用均值模糊
blurG = cv2.GaussianBlur(img,(51,51),0) # 应用高斯模糊
median = cv2.medianBlur(img,51) # 应用中值模糊

titles = ['Original Image','Averaging', 'Gaussian Blurring', 'Median
Blurring']
images = [img, blur, blurG, median]

for i in range(4):
    plt.subplot(2,2,i+1),plt.imshow(images[i])
```

```
    plt.title(titles[i])
    plt.xticks([]),plt.yticks([])
plt.savefig('ex3_2.jpg', bbox_inches='tight')
plt.show()
```

效果如图 2.19 所示。

图 2.19 应用 OpenCV 中的模糊方法

现在，你应该学会如何对任意图像应用这几种模糊方法了。

2.2.9 练习 7：加载图像并应用所学的各种方法

本练习首先加载一个数字图像，然后应用目前为止所学的各种方法。

完整代码位于配套资源的 Lesson02/Exercise07-09 文件夹中。

1. 新建一个 Google Colab，然后按照"练习 4"中的方法挂载 drive。

2. 设置工作路径：

```
cd /content/drive/My Drive/C13550/Lesson02/Exercise07/
```

根据你在 Google Drive 上的具体设定，实际路径可能会和步骤 2 中提到的不同。

3．导入 NumPy、OpenCV 和 Matplotlib 库：

```
import numpy as np #Numpy
import cv2          #OpenCV
from matplotlib import pyplot as plt #Matplotlib
count = 0
```

4．加载 number.jpg，该图像在 OpenCV 中会作为灰度图像处理。接着使用 Matplotlib 进行展示：

```
img = cv2.imread('Dataset/number.jpg',0)
plt.imshow(img,cmap='gray')
plt.xticks([]),plt.yticks([])
plt.show()
```

 number.jpg 位于配套资源的 Lesson02/Exercise07-09 文件夹中。

展示效果如图 2.20 所示。

图 2.20　加载的数字图像

5．在使用机器学习算法识别图像中的数字之前，应该对这些数字的呈现进行简化。应该先进行的是阈值化。本章介绍了几种不同的阈值化方法，其中最常用的是 Otsu 阈值化。因为该方法可以自动计算阈值，无须用户手动设置。

对前面加载的灰度图像应用 Otsu 阈值化，然后使用 Matplotlib 进行展示：

```
_,th1=cv2.threshold(img,0,255,cv2.THRESH_BINARY+cv2.THRESH_OTSU

th1 = (255-th1)
# 该步骤将黑白像素对调，从而获得白色的数字
plt.imshow(th1,cmap='gray')
plt.xticks([]),plt.yticks([])
plt.show()
```

展示效果如图 2.21 所示。

图 2.21　对图像应用 Otsu 阈值化

6. 使用形态学变换消除背景里的细线。对图像应用闭运算：

```
open1 = cv2.morphologyEx(th1, cv2.MORPH_OPEN, np.ones((4, 4),np.uint8))
plt.imshow(open1,cmap='gray')
plt.xticks([]),plt.yticks([])
plt.show()
```

效果如图 2.22 所示。

图 2.22　应用闭运算

 背景里的细线完全消除了，这时进行数字预测会容易得多。

7. 使用开运算填补数字中可见的孔洞。对图像应用开运算：

```
close1 = cv2.morphologyEx(open1, cv2.MORPH_CLOSE, np.ones((8, 8),
np.uint8))
plt.imshow(close1,cmap='gray')
plt.xticks([]),plt.yticks([])
plt.show()
```

效果如图 2.23 所示。

图 2.23　应用开运算

8. 对于数字上残存的瑕疵，最好的消除方法是应用核数更大的闭运算。下面应用相应方法：

```
open2 = cv2.morphologyEx(close1, cv2.MORPH_OPEN,np.ones((7,12),np.uint8))
plt.imshow(open2,cmap='gray')
plt.xticks([]),plt.yticks([])
plt.show()
```

效果如图 2.24 所示。

此外，根据预测数字所用的具体分类器和图像的具体情况，可能还会需要应用其他方法。

图 2.24 应用核数更大的闭运算

9. 如果一次只预测一个数字，那么就需要在预测之前按数字对图像进行切分。

OpenCV 中的 cv2.findContours 方法可以实现这个功能，但在寻找轮廓（contour，即由边界上同样颜色或强度的连续的点所组成的曲线）之前需要将图像的黑白像素对调。下面这段代码有些长，不过只有在每次只能预测一个数字时才会用到：

```
_, contours, _ = cv2.findContours(open2, cv2.RETR_EXTERNAL, cv2.CHAIN_
APPROX_SIMPLE) #获取轮廓
cntsSorted = sorted(contours, key=lambda x: cv2.contourArea(x),
reverse=True) #对轮廓进行排序
cntsLength = len(cntsSorted)
images = []

for idx in range(cntsLength): #对轮廓进行迭代
    x, y, w, h = cv2.boundingRect(contour_no) #获取该轮廓的位置和大小
    ... # 其余代码
    images.append([x,sample_no]) #将该图像添加到由图像和 x 位置构成的列表中
and the X position

images = sorted(images, key=lambda x: x[0]) #按照 x 位置对图像列表进行排序
{…}
```

 带注释的完整代码位于配套资源的 Lesson02/Exercise07-09 文件夹中。

效果如图 2.25 所示。

图 2.25 提取出来的数字

这段代码首先找出了图像中的各个轮廓，从而找出了各个数字，并按照每个轮廓（数

字）的面积进行排序。

接着对各个轮廓进行迭代，按照轮廓对原图进行剪裁，从而得到每个数字的单独图像。

然后使用 NumPy 将图像调整为特定形状（从而让所有图像的形状相同），并将图像和 x 位置一起添加到图像列表中。

最后，按照 x 位置（从左到右，从而保留数字的顺序）对图像列表进行排序，并将结果绘制出来，并单独保存每个数字的图像，以便在后续任务中分别调用。

至此，你已经成功处理了一个包含数字的图像，并且单独提取出了每个数字的小图。现在，机器学习可以登场了。

2.3 机器学习简介

机器学习（Machine Learning，ML）是一门让计算机在不借助任何规则的情况下从数据中学习的科学。机器学习大多基于使用大量数据训练得到的模型，这些数据可以是数字的图像，也可以是不同物体的特征等，并且附带相应的标签，例如图像中数字的取值或者物体的类型。这种学习方式称为**有监督学习**（supervised learning）。其他的学习方式包括无监督学习（unsepervised learning）和强化学习（reinforcement learning）等，但本书会关注有监督学习。在无监督学习中，给定簇的数量，模型从数据中学习各个簇的分布，然后将簇转换为相应的类别。强化学习关心的是软件代理在某个环境下应该如何行动来获得更多奖励。如果代理的行为是正确的，奖励就是正值，否则就是负值。

本节初步探索机器学习，介绍一系列不同的模型和算法，从最基本的模型开始，一直到人工神经网络。

2.3.1 决策树和提升方法

本小节介绍决策树和提升方法（boosting），它们都属于最基本的机器学习算法。

自助聚合（决策树和随机森林）和提升方法（AdaBoost）都会在本小节介绍。

2.3.1.1 自助聚合

决策树（decision tree）可能是最基本的机器学习算法了，可以用于教学和测试，还可以用于进行分类和回归。

决策树中的每个节点代表训练数据的一个特征（即一次结果为正确或错误的判断）；每一

个分支（即节点之间的线段）代表一个决策（如果判断为正确则选择一个分支，否则选择另一个分支）；每个叶子代表一个最终结果（如果满足相应条件，那么结果是向日葵或者雏菊）。

下面使用的是 Iris 数据集。该数据集中的特征包括萼片的宽度和长度，以及花瓣的宽度和长度，用来将鸢尾花分类为山鸢尾、杂色鸢尾或者维吉尼亚鸢尾。

可以使用 Python 从 scikit-learn 库中下载 Iris 数据集。scikit-learn 库为数据挖掘和数据分析提供了非常有用的工具。

图 2.26 所示的流程图展示了在该数据集上训练的决策树的学习表示。X 代表数据集中的特征，X_0 是萼片长度，X_1 是萼片宽度，X_2 是花瓣长度，X_3 是花瓣宽度。value 标签代表每个节点中每个类别的样本数。可以看到，在第一步，决策树已经通过 X_2 特征（即花瓣长度）将山鸢尾和其他两种鸢尾区分开了。

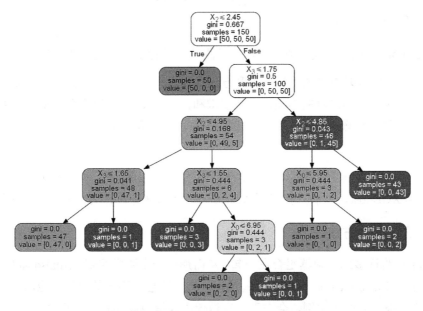

图 2.26 在 Iris 数据集上创建的一个决策树

利用 scikit-learn 库，在 Python 中只需几行代码就可以实现决策树：

```
from sklearn.tree import DecisionTreeClassifier
dtree=DecisionTreeClassifier()
dtree.fit(x,y)
```

其中，x 和 y 分别是训练集的特征和标签。

x 可以是代表长度和宽度的一列列数据，也可以是图像的一个个像素。在机器学习中，如果输入数据是图像，那么每个像素就是一个特征。

决策树是为某个特定的任务或数据集训练的，不能用来解决类似的其他问题。不过，可以将多个决策树组合起来，创建更大的模型，以获得更好的泛化能力。这就称为随机森林（random forest）。

"森林"一词是指按照**自助聚合**（bagging）方法对许多决策树进行的模型集成。该方法认为，对多个模型进行组合能够得到更好的总体性能；"随机"一词指的是该算法在分裂节点时进行的特征选择上具有随机性。

利用 scikit-learn 库，同样只需几行代码就可以实现随机森林，和前面的几行代码非常相似：

```
from sklearn.ensemble import RandomForestClassifier
rndForest=RandomForestClassifier(n_estimators=10)
rndForest.fit(x,y)
```

n_estimators 是使用的决策树数量，通过测试可以看出，一定是数量越大结果越好。

还有一些遵循**提升方法**的算法。提升方法中包含许多称为**弱学习器**（weak learner）的算法，通过将这些弱学习器的结果进行加权求和，可以得到一个强学习器，并将其作为输出结果。这些弱学习器是依次训练的，即每个弱学习器都试图弥补前面的弱学习器存在的问题。

很多方法利用了提升方法，其中非常有名的是 AdaBoost、梯度提升方法（gradient boosting）和 XGBoost。本书只会用到 AdaBoost，因为这是最有名、最容易理解的一个。

2.3.1.2 提升方法

AdaBoost 将许多弱学习器组合在一起，从而形成一个强学习器。AdaBoost 的意思是自适应提升方法（adaptive boosting），也就是说，该方法会在不同的时间点应用不同的权重：在某次迭代中被误分类的实例，会在下一次迭代中获得更高的权重，反之亦然。

该方法的代码如下：

```
from sklearn.ensemble import AdaBoostClassifier
adaboost=AdaBoostClassifier(n_estimators=100)
adaboost.fit(x_train, y_train)
```

n_estimators 是 estimator 的最大数量，达到这个数量之后方法即停止。

该方法初始化时使用了一个决策树，性能可能没有使用随机森林好。如果希望获得一个更好的分类器，可以使用随机森林进行初始化：

```
AdaBoostClassifier(RandomForestClassifier(n_jobs=-1,n_estimators=500,max_
features='auto'),n_estimators=100)
```

2.3.2 练习 8：使用决策树、随机森林和 AdaBoost 进行数字预测

本练习会利用在本小节中学习的模型，正确预测上一个练习中获得的数字小图中的数字。为确保有足够的数据供模型学习，除了从 Dataset/numbers 文件夹中的一些样本中提取数字之外，还会使用 MNIST 数据集。MNIST 数据集由一些从 0 到 9 的手写数字图像组成，图像形状为 28×28×3。该数据集主要提供给研究者进行测试，或者用来参考，但也有助于预测不同类型的数字。

鉴于安装 Keras 需要 TensorFlow，本书推荐使用 Google Colab。Google Colab 和 Jupyter Notebook 差不多，但不是运行在你自己的机器上，而是使用了一个远程的虚拟机，并且预装了机器学习和 Python 相关的一切。

下面开始练习。

 这里从"练习 7"中的代码后面继续，使用同一个 Notebook。

1. 打开 Google Colab，找到执行了"练习 7"代码的地方。

2. 导入相关库：

```
import numpy as np
import random
from sklearn import metrics
from sklearn.ensemble import RandomForestClassifier, AdaBoostClassifier
from sklearn.tree import DecisionTreeClassifier
from sklearn.utils import shuffle
from matplotlib import pyplot as plt
import cv2
import os
import re
```

```
random.seed(42)
```

> 这里将随机种子设置为 42，以确保可重复性，即所有
> 涉及随机性的步骤都会得到同样的结果。也可以换成
> 其他数字，只要保持不变即可。

3. 导入 MNIST 数据集：

```
from keras.datasets import mnist

(x_train, y_train), (x_test, y_test) = mnist.load_data()
```

上一行代码将训练集（60000 个数字图像实例）加载到 x_train 中，将相应的数字标签加载到 y_train 中，将测试集加载到 x_test 中，将相应的数字标签加载到 y_test 中。这些变量都使用了 NumPy 格式。

4. 使用 Matplotlib 展示其中的一些数字：

```
for idx in range(5):
    rnd_index = random.randint(0, 59999)
    plt.subplot(1,5,idx+1),plt.imshow(x_train[idx],'gray')
    plt.xticks([]),plt.yticks([])
plt.show()
```

展示效果如图 2.27 所示。

图 2.27　MNIST 数据集中的一些数字

> 这些数字和在练习 7 中提取的数字看起来不太一样。为了
> 让模型能够正确预测练习 7 中的数字图像，需要将其中的
> 一些数字图像也添加到这个数据集里。

按照下面的流程，添加与我们想要预测的数字相似的数字图像。

添加一个数据集文件夹，其中包含从 0 到 9 的子文件夹（已完成）。

利用练习 7 中的代码，从 Dataset/numbers 文件夹中提取所有图像中的数字小图（已完成）。

将这些数字小图分别粘贴到相应的 0 到 9 子文件夹中，文件夹的名称应该和图中的数字一致（已完成）。

将这些图像添加到数据集中（下面的步骤 5）。

5. 定义以下两个方法，以便将这些图像添加到训练集中：

```
# ----------------------------------------------------------
def list_files(directory, ext=None):
    return [os.path.join(directory, f) for f in os.listdir(directory)
            if os.path.isfile(os.path.join(directory, f)) and ( ext==None
or re.match('([\w_-]+\.(?:' + ext + '))', f) )]
    # ----------------------------------------------------------
def load_images(path,label):
    X = []
    Y = []
    label = str(label)
    for fname in list_files( path, ext='jpg' ):
        img = cv2.imread(fname,0)
        img = cv2.resize(img, (28, 28))
        X.append(img)
        Y.append(label)

    if maximum != -1 :
        X = X[:maximum]
        Y = Y[:maximum]

    X = np.asarray(X)
    Y = np.asarray(Y)
    return X, Y
```

第一个方法 list_files 列举出给定文件夹中满足特定扩展名（在这里是 jpg）的全部文件。

主要的方法 load_images 用来从 0 到 9 子文件夹中加载图像和相应标签。如果 maximum 不等于−1，将限制每种数字图像的加载数量，因为每种数字的图像数量不应相差太大。将图像和标签的列表转换为 NumPy 数组。

6. 将这些数组添加到训练集中，从而让模型学会识别这些提取出来的数字：

```
print(x_train.shape)
print(x_test.shape)
X, Y = load_images('Dataset/%d'%(0),0,9)
```

```
for digit in range(1,10):
  X_aux, Y_aux = load_images('Dataset/%d'%(digit),digit,9)
  print(X_aux.shape)
  X = np.concatenate((X, X_aux), axis=0)
  Y = np.concatenate((Y, Y_aux), axis=0)
```

在使用之前定义的 load_images 方法添加数字图像之后，将这些数组依次拼接到在 for
循环之前创建的两个列表中：

```
from sklearn.model_selection import train_test_split
x_tr, x_te, y_tr, y_te = train_test_split(X, Y, test_size=0.2)
```

接着使用 sklearn 中的 train_test_split 方法，将这些数字图像中的 20% 留作测试，其余
用于训练：

```
x_train = np.concatenate((x_train, x_tr), axis=0)
y_train = np.concatenate((y_train, y_tr), axis=0)
x_test = np.concatenate((x_test, x_te), axis=0)
y_test = np.concatenate((y_test, y_te), axis=0)

print(x_train.shape)
print(x_test.shape)
```

然后将这些图像拼接到原始的训练集和测试集中。在拼接之前和拼接之后，分别输出
了 x_train 和 x_test 的形状，从而可以看出新加入了 90 个图像。训练集和测试集的形状分
别从(60000,28,28)和(10000,28,28)变为(60072,28,28)和(10018,28,28)。

7. 为了满足从 sklearn 中导入的模型，输入数组的形状应该是(样本数量,数组长度)，
但现在的数组形状是(样本数量,数组高度,数组宽度)：

```
x_train = x_train.reshape(x_train.shape[0],x_train.shape[1]*x_train.
shape[2])
x_test = x_test.reshape(x_test.shape[0],x_test.shape[1]*x_test.shape[2])
print(x_train.shape)
print(x_test.shape)
```

将数组的高度和宽度相乘，得到数组的在单个维度下的总体长度：$28 \times 28 = 784$。

8. 将数据"喂"给模型。训练一个决策树：

```
print ("Applying Decision Tree...")
dtc = DecisionTreeClassifier()
dtc.fit(x_train, y_train)
```

若想知道模型的性能如何，可以使用准确度来度量，即 x_test 中被正确预测的样本概率。前面已经从 sklearn 中导入了 metrics 模块，下面使用该模块中的 accuracy_score 方法来计算模型的准确度。首先使用 predict 函数对 x_test 中的样本进行预测，然后看看在多少概率的样本上得到了符合 y_test 标签的结果：

```
y_pred = dtc.predict(x_test)
accuracy = metrics.accuracy_score(y_test, y_pred)
print(accuracy*100)
```

这里计算并输出了准确度，得到的准确度是 87.92%。对决策树来说，这个结果并不算差，但仍有提升空间。

9. 尝试使用随机森林：

```
print ("Applying RandomForest...")
rfc = RandomForestClassifier(n_estimators=100)
rfc.fit(x_train, y_train)
```

按照同样的计算方法得到的准确度是 94.75%，这个结果要好得多，说明这是个好模型。

10. 试一试使用随机森林初始化的 AdaBoost：

```
print ("Applying Adaboost...")
adaboost = AdaBoostClassifier(rfc,n_estimators=10)
adaboost.fit(x_train, y_train)
```

使用 AdaBoost 得到的准确度是 95.67%。相比之前两种算法，该算法的运行时间长得多，但得到的结果更好。

11. 应用随机森林模型，预测在上一个练习中得到的数字图像。之所以使用这个模型，是因为它比 AdaBoost 花费的时间少很多，结果也比较好。在运行以下代码之前，你需要对练习 7 中使用的 number.jpg 和 Dataset/testing/文件夹中用来测试的两个数字图像，分别运行练习 7 中用于图像切分的相应代码。切分完成之后，对于上面提到的 3 个图像，应该分别得到了可供加载的 5 个数字小图。运行以下代码：

```
for number in range(5):
    imgLoaded = cv2.imread('number%d.jpg'%(number),0)
    img = cv2.resize(imgLoaded, (28, 28))
    img = img.flatten()
    img = img.reshape(1,-1)
    plt.subplot(1,5,number+1),
    plt.imshow(imgLoaded,'gray')
```

```
    plt.title(rfc.predict(img)[0])
    plt.xticks([]),plt.yticks([])
plt.show()
```

运行结果如图 2.28 所示。

图 2.28 随机森林模型对数字 1、6、2、1、6 进行的预测

上面这段代码向随机森林模型的 predict 函数依次传递了每个图像。随机森林模型的效果似乎很好，因为对所有数字的预测都是正确的。下面用一个还没见过的数字图像试试（Dataset 文件夹里有一个用于测试的文件夹，其中包含几张图像），结果如图 2.29 所示。

图 2.29 随机森林模型对数字 1、5、8、3、4 进行的预测

该模型在这几个数字上表现也不错。下面试试另一组数字，结果如图 2.30 所示。

图 2.30 随机森林模型对数字 1、9、4、7、9 进行的预测

该模型在数字 7 上似乎遇到了一些问题，也许是因为训练样本还不够多，并且模型过于简单。

本练习的完整代码位于配套资源的 Lesson02/Exercise07-09 文件夹中。

下一小节会介绍人工神经网络。人工神经网络在执行这种任务时功能要强大得多。

2.3.3 人工神经网络

人工神经网络（Artificial Neural Network，ANN）是受人脑启发的一种信息处理系统，试图通过模拟人脑来识别数据中的模式。人工神经网络利用精心构造的架构来完成任务，这种架构由一些称为神经元的小型处理单元构成，神经元之间相互连接，从而具有解决问题的能力。

人工神经网络需要使用样本足够大的数据集进行学习，"足够大"意味着数以千计，甚至数以百万计的样本。这种对大量数据的需求是一个缺点，因为如果没有现成可用的数据，或许就需要耗费大量资金来收集足够多的数据。

这种算法的另一个缺陷是需要使用特殊的硬件和软件进行训练。使用高性能 GPU 可以获得很好的训练效果，但成本非常高；成本较低的 GPU 也能发挥一些作用，但训练时间会长得多。此外，还需要具备特定软件，例如 TensorFlow、Keras、PyTorch 或 Fast.AI。本书将使用 TensorFlow，以及在 TensorFlow 之上运行的 Keras。

人工神经网络的第一层负责接收输入，之后的每一层会将上一层的结果与某个值相乘，然后应用激活函数（激活函数负责进行决策），再传递给下一层。神经网络的中间各层称为隐藏层。这个过程不断重复，直到在最后一层获得输出。在将 MNIST 图像作为输入传递给神经网络时，神经网络的最后一层应该由 10 个神经元构成，每个神经元代表一个数字。如果神经网络的预测结果是其中某个数字，相应的神经元就会被激活。神经网络会检查自己给出的结果是否正确，如果不正确，则启动一个称为**反向传播**（backpropagation）的校正过程，对神经网络中的每一次传递进行检查和校正，调整相应神经元的权重。图 2.31 所示为反向传播过程。

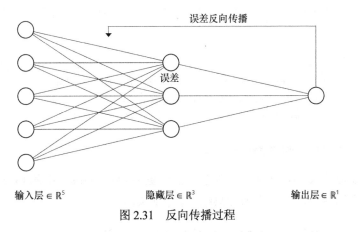

图 2.31　反向传播过程

人工神经网络的图形化展示如图 2.32 所示。在图中可以看到很多神经元，它们负责进行处理；也可以看到神经元之间的连接，即神经网络中的权重。

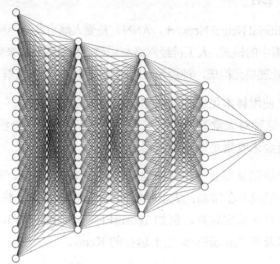

输入层 ∈ ℝ¹⁸   隐藏层 ∈ ℝ¹⁴   隐藏层 ∈ ℝ¹²   隐藏层 ∈ ℝ⁸   输出层 ∈ ℝ¹

图 2.32　人工神经网络的图形化展示

下面会介绍如何创建一个神经网络。不过，先来关注一下数据。

在上一个练习中，用来进行训练和测试的输入形状分别是(60072,784)和(10018,784)，像素值在 0 到 255 之间。使用**归一化数据**（normalized data）可以让人工神经网络拥有更好的性能，运行也更快，但归一化数据是什么呢？

归一化意味着将 0～255 的取值转换为 0～1 的取值，所以最终得到的结果必须是浮点数，否则无法将更大范围内的整数转换到更小范围内。因此，首先需要将数据转换为浮点数，然后再进行归一化。代码如下：

```
x_train = (x_train.astype(np.float32))/255.0 #转换为浮点数，然后进行归一化
x_test = (x_test.astype(np.float32))/255.0 #测试集同理
x_train = x_train.reshape(x_train.shape[0], 28, 28, 1)
x_test = x_test.reshape(x_test.shape[0], 28, 28, 1)
```

此外，还需要将标签转换为独热编码。

为此，需要使用 Keras 的 utils 软件包（已经更名为 np_utils）中的 to_categorical 函数，该函数会将每个标签的数字转换为独热编码。代码如下：

```
y_train = np_utils.to_categorical(y_train, 10)
y_test = np_utils.to_categorical(y_test, 10)
```

如果将 y_train 的第一个标签（5）转换后的取值输出，得到的结果是[0.0.0.0.0.1.0.0.0.0.]。这是一个长度为 10（因为有 10 个数字）的数组，第 6 位为 1（之所以是第 6 位，是因为从第 0 位开始算的）。下面就可以进入神经网络架构的环节了。

基础的神经网络使用的是全连接层（dense layer，或称 fully connected layer），这种神经网络称为全连接神经网络，其中包含一系列用来模拟人脑的神经元。此外，还需要确定一种激活函数。激活函数接收输入，计算其加权和并加上一个偏置，然后决定是否激活（激活则输出 1，反之输出 0）。

最常用的两种激活函数分别是 sigmoid 和 ReLU，其中 ReLU 的整体性能更好。图 2.33 所示为这两种激活函数。

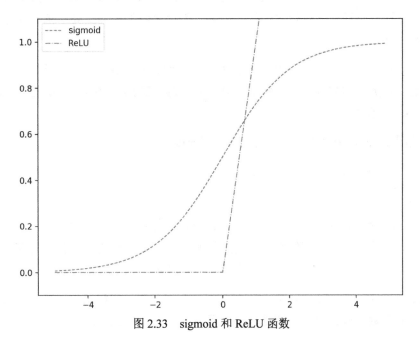

图 2.33　sigmoid 和 ReLU 函数

sigmoid 和 ReLU 函数计算加权和并添加偏置，然后基于计算结果输出一个数值。sigmoid 函数根据计算结果，会输出 0 到 1 之间的一个数值；ReLU 函数则对负值输入输出 0，对正值输入直接输出原值。

神经网络的最后一层通常使用 softmax 激活函数。该函数对每个类别都输出一个非概率的数值，类别与输入图像相符的概率越大，这个数值就越高。相比其他激活函数，softmax 最适合作为多分类任务神经网络的输出。

在 Keras 中，可以按照以下方式编写神经网络：

```
model = Sequential()
model.add(Dense(16, input_shape=input_shape))
model.add(Activation('relu'))

model.add(Dense(8))
model.add(Activation('relu'))

model.add(Flatten())
model.add(Dense(10, activation="softmax"))
```

该模型使用 Sequential 创建，因为各层是依次创建的。首先添加一个具有 16 个神经元的全连接层，并向该层传递输入形状，从而让神经网络知道输入的形状。接着将 ReLU 作为激活函数，因为它通常能获得比较好的结果。然后再添加一层，其中包含 8 个神经元，使用同样的激活函数。

最终，使用 Flatten 函数将该数组转换为一维数组，并添加最后一个全连接层，其中的神经元数量就是类别的数量（在本例中，MNIST 数据集的类别数为 10），应用 softmax 函数得到独热编码形式的结果。

下面使用 compile 方法对模型进行编译，代码如下：

```
model.compile(loss='categorical_crossentropy', optimizer=Adadelta(),
metrics=['accuracy'])
```

向 compile 函数传递了损失函数，用来计算反向传播过程中的误差。由于这是一个分类问题，因此使用分类交叉熵作为损失函数；使用 Adadelta 作为优化器，它在大多数情况下的性能都非常好；使用准确度作为该模型的主要度量。

下面使用 Keras 中的回调函数。在训练的每个周期中，回调函数都会被调用。这里使用 Checkpoint 函数，以在每个周期都保存验证结果最好的模型：

```
ckpt = ModelCheckpoint('model.h5', save_best_only=True,monitor='val_loss',
mode='min', save_weights_only=False)
```

用来进行模型训练的函数称为 fit 函数，使用方式如下：

```
model.fit(x_train, y_train, batch_size=64, epochs=10, verbose=1, validation_
data=(x_test, y_test),callbacks=[ckpt])
```

向 fit 函数传递了训练集和相应的标签，并且将批量大小（即每个周期的每步中传递的图像数量）设置为 64，将训练周期（即数据的处理次数）设置为 10。此外，还传递了验证集，以便观察模型在没见过的数据上的性能。最后，将回调函数设置为刚刚创建的那个函数。

　　所有这些参数都需要根据具体问题进行调整。下面会通过一个练习将上面的内容付诸实践——和之前使用决策树进行的练习是同一个练习，但这次使用神经网络。

2.3.4 练习 9：构建第一个神经网络

本练习承接"练习 8"的代码。
本练习的完整代码位于配套资源的 Lesson02/Exercise07-09 文件夹中。

1．打开之前用来执行"练习 8"代码的相应 Google Colab。

2．从 Keras 库中导入以下软件包：

```
from keras.callbacks import ModelCheckpoint
from keras.layers import Dense, Flatten, Activation, BatchNormalization,
Dropout
from keras.models import Sequential
from keras.optimizers import Adadelta
from keras import utils as np_utils
```

3．对数据进行归一化，然后创建用来传递给神经网络的 input_shape 并输出：

```
x_train = (x_train.astype(np.float32))/255.0
x_test = (x_test.astype(np.float32))/255.0
x_train = x_train.reshape(x_train.shape[0], 28, 28, 1)
x_test = x_test.reshape(x_test.shape[0], 28, 28, 1)
y_train = np_utils.to_categorical(y_train, 10)
y_test = np_utils.to_categorical(y_test, 10)
input_shape = x_train.shape[1:]
print(input_shape)
print(x_train.shape)
```

输出结果如图 2.34 所示。

(28, 28, 1)

(60072, 28, 28, 1)

图 2.34　输入形状的输出结果

4．创建模型。前面介绍的模型不足以解决这个问题，所以需要创建一个更深的模型，使用更多的神经元，以及一些新的方法：

```
def DenseNN(input_shape):
model = Sequential()

model.add(Dense(512, input_shape=input_shape))
model.add(Activation('relu'))
model.add(BatchNormalization())
model.add(Dropout(0.2))

model.add(Dense(512))
model.add(Activation('relu'))
model.add(BatchNormalization())
model.add(Dropout(0.2))

model.add(Dense(256))
model.add(Activation('relu'))
model.add(BatchNormalization())
model.add(Dropout(0.2))

model.add(Flatten())
model.add(Dense(256))
model.add(Activation('relu'))
model.add(BatchNormalization())
model.add(Dropout(0.2))

model.add(Dense(10, activation="softmax"))
```

这里添加了 BatchNormalization 方法，该方法有助于让神经网络更快收敛，并且有助于获得更好的结果。

同时还添加了 Dropout 方法，该方法有助于避免神经网络过拟合（即训练集的准确度远高于测试集的准确度）。其原理是通过在训练时去掉一部分神经元之间的连接（占全部神经元的 20%），来得到对该问题更好的泛化能力（即对没见过的数据更好地进行分类）。

此外，神经元的数量得到了大幅增加，层数也增多了。神经网络的层数和神经元数量越多，能够获得的理解就越深，能够学习的特征就越复杂。

5．编译模型。因为有多个类别，所以使用分类交叉熵作为损失函数；使用 Adadelta 作为优化器，因为它在这种任务上有很好的性能；使用准确度作为主要度量。代码如下：

```
model.compile(loss='categorical_crossentropy', optimizer=Adadelta(),
metrics=['accuracy'])
```

6．创建 Checkpoint 回调函数。模型将会被存储在 Models 文件夹下，名为 model.h5。使用验证集损失作为主要追踪方法，并且存储完整的模型：

```
ckpt = ModelCheckpoint('Models/model.h5', save_best_
only=True,monitor='val_loss', mode='min', save_weights_only=False)
```

7．使用 fit 函数训练神经网络，如前所述。将批量大小设置为 64，周期设置为 10（足够了，因为每个周期运行时间会很长，而且每个周期的提高不会太大），同时提供 Checkpoint 回调函数：

```
model.fit(x_train, y_train,
          batch_size=64,
          epochs=10,
          verbose=1,
          validation_data=(x_test, y_test),
          callbacks=[ckpt])
```

训练会持续一段时间。

输出如图 2.35 所示。

```
Train on 60072 samples, validate on 10018 samples
Epoch 1/10
60072/60072 [==============================] - 261s 4ms/step - loss: 0.2079 - acc: 0.9383 - val_loss: 0.1066 - val_acc: 0.9689
Epoch 2/10
60072/60072 [==============================] - 257s 4ms/step - loss: 0.1001 - acc: 0.9708 - val_loss: 0.0808 - val_acc: 0.9752
Epoch 3/10
60072/60072 [==============================] - 257s 4ms/step - loss: 0.0694 - acc: 0.9791 - val_loss: 0.0849 - val_acc: 0.9727
Epoch 4/10
60072/60072 [==============================] - 257s 4ms/step - loss: 0.0497 - acc: 0.9849 - val_loss: 0.0778 - val_acc: 0.9761
Epoch 5/10
60072/60072 [==============================] - 257s 4ms/step - loss: 0.0361 - acc: 0.9889 - val_loss: 0.0804 - val_acc: 0.9748
Epoch 6/10
60072/60072 [==============================] - 257s 4ms/step - loss: 0.0268 - acc: 0.9922 - val_loss: 0.0788 - val_acc: 0.9771
Epoch 7/10
60072/60072 [==============================] - 257s 4ms/step - loss: 0.0211 - acc: 0.9938 - val_loss: 0.0939 - val_acc: 0.9731
Epoch 8/10
60072/60072 [==============================] - 257s 4ms/step - loss: 0.0166 - acc: 0.9955 - val_loss: 0.0901 - val_acc: 0.9766
Epoch 9/10
60072/60072 [==============================] - 257s 4ms/step - loss: 0.0150 - acc: 0.9959 - val_loss: 0.0821 - val_acc: 0.9764
Epoch 10/10
60072/60072 [==============================] - 257s 4ms/step - loss: 0.0129 - acc: 0.9963 - val_loss: 0.0802 - val_acc: 0.9783
```

图 2.35　神经网络的输出

val_acc 代表模型的最终准确度，为 97.83%，比使用 AdaBoost 和随机森林得到的结果都要好。

8. 进行一些预测：

```
for number in range(5):
    imgLoaded = cv2.imread('number%d.jpg'%(number),0)
    img = cv2.resize(imgLoaded, (28, 28))
    img = (img.astype(np.float32))/255.0
    img = img.reshape(1, 28, 28, 1)
    plt.subplot(1,5,number+1),plt.imshow(imgLoaded,'gray')
    plt.title(np.argmax(model.predict(img)[0]))
    plt.xticks([]),plt.yticks([])
plt.show()
```

这段代码和上一个练习中的代码看起来很像，但有一些细微差异。首先，由于对训练数据的输入格式进行了更改，在这里也需要对输入图像进行更改（转换为浮点数、归一化）；其次，由于预测结果是独热编码，需要使用 NumPy 的 argmax 函数找到输出向量中最大值的位置，从而获得预测数字。

下面试一试之前使用随机森林预测的最后一组数字，结果如图 2.36 所示。

图 2.36　使用神经网络进行数字预测

预测的结果是完全正确的。

 完整代码位于配套资源的 Lesson02/Exercise07-09 文件夹中。

该模型也可以对其他数字进行很好的分类，因为它已经掌握了这种能力。

至此，你已经构建了第一个神经网络，并用它解决了一个真实问题。下面可以尝试完成本章的项目了。

2.3.5　项目 2：对 Fashion-MNIST 数据集中的 10 种衣物进行分类

本项目所要解决的问题与上面的问题类似，但和衣物类别有关。该数据集和原始的 MNIST 数据集非常类似，包含用于训练的 60000 个 28 像素×28 像素的灰度图像，以及用于测试的 10000 个图像。你需要参考练习 7 中的步骤，因为本项目不提供具体代码。你也需要将在上一个练习中学到的技能付诸实践，自己构建一个神经网络。首先打开一个 Google Colab Notebook，然后参考以下步骤。

1. 从 Keras 中加载数据集：

```
from keras.datasets import fashion_mnist
(x_train, y_train), (x_test, y_test) = fashion_mnist.load_data()
```

 该数据的预处理方式类似于 MNIST，所以接下来的步骤类似于"练习 5"中的步骤。

2. 导入 random 库，将随机种子设置为 42。导入 Matplotlib 库，和上一个练习一样，随机对数据集中的 5 个样本进行可视化。

3. 对数据进行归一化和形状变换，以符合神经网络的输入形状，然后将标签转换为独热编码。

4. 使用全连接层构建神经网络。你需要在一个方法的内部构建神经网络，并在最后返回该模型。

 推荐首先构建一个小而简单的架构，然后通过在给定数据集上进行测试来逐步进行改进。

5. 使用适当参数编译模型，然后开始训练神经网络。

6. 训练完成之后，应该进行一些预测来测试模型性能。在上一个练习里的 Dataset 文件夹中的 testing 文件夹中已经上传了一些图像，可以用来进行预测，就像上一个练习那样。

 需要注意，之前传递给神经网络的都是黑背景的白衣服图像，所以在预测时可能会需要进行相应调整来获得这样的图像。如果需要对图像进行黑白对调，NumPy 中有一个相应方法可以实现这个功能：image = np.invert (image)。

7. 检验结果,如图 2.37 所示。

T恤	裤子	套衫	裙子	外套	外凉鞋套	衬衫	运动鞋	手提包	短靴
0	1	2	3	4	5	6	7	8	9

图 2.37 预测输出的是这个列表中的相应位置编号

 本项目的答案参见附录。

2.4 小结

计算机视觉是 AI 中的一个重要领域。凭借对该领域的了解,你可以实现从图像中提取信息、生成非常逼真的图像等功能。本章介绍了使用 OpenCV 库实现的图像预处理,可以用来提取特征,从而让机器学习模型更容易训练和预测。此外,本章对机器学习进行了初步探索,介绍了一些基础的机器学习模型,例如决策树和提升方法,以供读者参考。最后,本章还介绍了神经网络,并利用以 TensorFlow 为后端的 Keras 进行了编写。本章还介绍了归一化和全连接层,并将它们付诸实践;相比全连接层,本书后续章节介绍的卷积层在处理图像上的效果更好。

此外,本章还介绍了避免过拟合的一些相关概念,使用模型进行了预测,并使用真实图像进行了实践。

下一章将介绍**自然语言处理**的基本原理,以及一些广泛用于从语料库中提取信息来创建语言预测基础模型的技术。

第 3 章
自然语言处理

学习目标

阅读完本章之后，你将能够：

- 区分自然语言处理的不同领域；

- 分析 Python 中基本的自然语言处理库；

- 预测一组文本的主题；

- 开发一个简单的语言模型。

本章介绍自然语言处理的基础知识、不同领域，以及 Python 中的自然语言处理库。

3.1 简介

自然语言处理（Natural Language Processing，NLP）是 AI 的一个领域，旨在让计算机理解和使用人类语言，从而执行有用的任务。自然语言处理又划分为两个部分：**自然语言理解**（Natural Language Understanding，NLU）和**自然语言生成**（Natural Language Generation，NLG）。

近年来，AI 改变了机器与人类的互动方式。AI 可以帮助人类解决各种复杂问题，例如，根据个人喜好向用户推荐电影（推荐系统）。得益于高性能 GPU 和大量的可用数据，人们现在可以创造出具有类似人类的学习和行为能力的智能系统。

有许多库旨在帮助人们创建这种系统。本章会介绍一些著名的 Python 库，用来从原始文本中提取和清洗信息。完全理解并解读语言这件事本身是一项困难的任务。例如，"C 罗进了 3 个球"这句话对机器来说是很难理解的，因为机器既不知道 C 罗是谁，也不知道进球的数量意味着什么。

NLP 中最流行的主题之一是**问答系统**（Question Answering System，简称 QA），而这种系统又包含了**信息检索**（Information Retrieval，IR）。这种系统通过在数据库中查询知识或信息来进行回答，也能够从自然语言文档库中提取回答。搜索引擎都是这样工作的。

如今，NLP 在业界越来越流行，最新的 NLP 趋势包括在线广告匹配、情感分析、机器翻译，以及聊天机器人。

NLP 面对的下一个挑战是会话代理，俗称"聊天机器人"。聊天机器人可以进行真正的对话，很多公司利用这种技术来分析客户的行为和观点，以便获取产品反馈或者发起广告宣传活动。NLP 的一个很好的例子就是虚拟助手，并且它们已经被引入市场中了。著名的虚拟助手包括 Siri、亚马逊的 Alexa，以及 Google Home。本书会创建一个聊天机器人，用来控制一个虚拟机器人，并且它能够理解我们希望虚拟机器人做什么事情。

3.1.1　自然语言处理

如前所述，NLP 是 AI 中负责理解和处理人类语言的一个领域。NLP 属于 AI、计算机科学和语言学的重叠部分，该领域的主要目标是让计算机理解使用人类语言表达的语句或文字。它们之间的关系如图 3.1 所示。

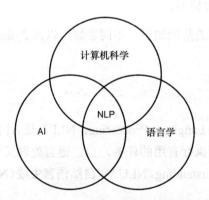

图 3.1　NLP 与 AI、语言学和计算机科学的关系

语言学专注于研究人类语言，试图描绘和解释语言中的不同方法。

语言可以被定义为一组规则和一组符号，符号按照规则结合在一起，用来传播信息。人类语言是特殊的，不能简单描述为自然形成的符号和规则。上下文不同，词语的含义也可能不同。

NLP 可以用来解决许多难题。由于可获取文本数据的数据量是非常大的，人们是不可能处理所有这些数据的。维基百科平均每天的新增文章数是 547 篇，文章总数则超过了 500 万篇。显然，一个人是无法阅读这么多信息的。

NLP 面临着 3 个挑战，它们分别是收集数据、数据分类，以及提取相关信息。

NLP 能够处理许多单调乏味的任务，例如垃圾邮件检测、词性标注，以及命名实体识别。利用深度学习，NLP 还可以解决语音转文本的问题。NLP 虽然显示出了强大的能力，但在人机对话、问答系统、自动文摘和机器翻译等问题上，还没有很好的解决方案。

3.1.2 自然语言处理的两个部分

如前所述，NLP 可以划分为两个部分：NLU 和 NLG。

3.1.2.1 自然语言理解

NLP 的这一部分旨在理解和分析人类语言，重点关注对文本数据的理解，通过对其进行处理来提取相关信息。NLU 提供直接的人机交互，并执行和语言理解相关的任务。

NLU 涵盖了 AI 面对的最困难的挑战，即文本解读。NLU 所面对的主要挑战是理解对话。

 NLP 使用一组方法来生成、处理和理解语言，利用函数来理解文本的含义。

起初，人们使用树来表示对话，但许多对话的情况都无法使用这种方法表示。为了覆盖更多情况，就需要更多的树，每个对话的上下文对应一棵树，从而导致了很多句子重复，如图 3.2 所示。

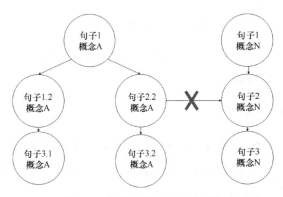

图 3.2　使用树表示的一个对话

这种方法已经过时了，并且效率低下，因为它是基于固定规则的，本质上就是一种 if-else 结构。如今，NLU 提出了另一种方法，那就是将对话表示为一个文氏图，其中的每个集合代表对话的一个上下文，如图 3.3 所示。

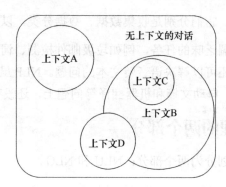

图 3.3   使用文氏图表示的一个对话

NLU 的这种方法改进了对话理解的结构，因为它不再是一个由 if-else 条件组成的固定结构。NLU 的主要目标是解读人类语言的含义、处理对话上下文、消除歧义和管理数据。

3.1.2.2   自然语言生成

NLG 是生成包含意义和结构的短语、句子和段落的过程，是 NLP 的一个不负责理解文本的领域。

为了生成自然语言，NLG 的方法需要利用相关数据。

NLG 由以下 3 个部分构成。

- **生成器**：负责根据给定的意图，选择与上下文相关的文本。
- **表示的组件和层级**：为生成的文本赋予结构。
- **应用**：从对话中保存相关数据，从而遵循逻辑。

生成的文本必须使用一种人类可读的格式。NLG 的优点是可以提高数据的可访问性，还可以用来快速生成报告摘要。

3.1.3   NLP 的各层次

人类语言具有不同的表示层次，层次越高越复杂，理解难度也越大。

下面介绍了各个层次，其中前两个层次取决于数据类型（音频或文本）。

- **音位分析**：对于语音数据，需要先分析音频，以获得句子。

- **OCR/词例化**：对于文本数据，需要先使用计算机视觉的光学字符识别（Optical Character Recognition，OCR）技术来识别字符，形成词语，或者需要先对文本进行词例化（即把句子拆分为文本单元）。

> OCR 用来识别图像中的字符，生成词语，以作为原始文本处理。

- **构词学分析**：关注句子中的词语，分析词素。

- **句法分析**：这一层关注句子的语法结构，理解句子的不同部分，例如主语和谓语。

- **语义表示**：程序不能理解单独的词，而是通过一个词在句子中的用法来理解它的含义。例如，"cat"和"dog"这两个词对算法来说可能具有同样的含义，因为它们有同样的用法。通过这种方式理解句子，称为词语级别含义。

- **语篇处理**：分析并识别文本中的连接句以及句子间的关系，从而理解文本的主题。

如今，NLP 在业界展现出了非常大的潜力，但也有一些例外。在其中的一些例外情况中，使用深度学习可以获得更好的结果。第 4 章会介绍这些情况。文本处理技术的优势和使用循环神经网络进行的改进，是使得 NLP 变得愈发重要的原因。

3.2　Python 中的 NLP

Python 同时结合了通用程序设计语言的强大能力和一些特定领域语言（例如分别为数学和统计学设计的 MATLAB 和 R）的功能，近年来非常流行。Python 拥有数据加载、可视化、NLP、图像处理、统计学等不同用途的库，还拥有文本处理和机器学习算法方面非常强大的库。

3.2.1　自然语言工具包（NLTK）

自然语言工具包（Natural Language Toolkit，NLTK）是用来处理人类语言数据的最常用的 Python 工具包，包含了一组用于自然语言处理和统计学的库和程序，常用于学习和研究。

NLTK 提供了 50 多个语料库和词汇资源的相应接口和方法。NLTK 既能进行文本分类，也提供了一些其他功能，例如词例化、词干提取、词语标记（识别词语标签，例如人名、城市名……），以及解析（句法分析）。

3.2.2 练习 10：NLTK 入门

本练习介绍 NLTK 库中最基本的概念。NLTK 是 NLP 中最广泛使用的工具之一，可以用来分析和研究文本，剔除无用信息。这些技术可以应用于任何文本数据，例如，可以用来从一篇文章中提取最重要的关键字，或者分析报纸中的一篇新闻。

> 本章中所有练习都在 Google Colab 中执行。

1. 打开 Google Colab。

2. 为本书创建一个文件夹。

3. 使用 NLTK 库中的基本方法处理一个句子。导入必要的方法（stopwords、word_tokenize 和 sent_tokenize）：

```
from nltk.corpus import stopwords
from nltk.tokenize import word_tokenize
from nltk.tokenize import sent_tokenize
import nltk
nltk.download('punkt')
```

4. 创建一个句子，然后应用这些方法：

```
example_sentence = "This course is great. I'm going to learn deep
learning; Artificial Intelligence is amazing and I love robotics..."

sent_tokenize(example_sentence) # 将文本划分为句子
```

结果如图 3.4 所示。

```
['This course is great.',
 "I'm going to learn deep learning; Artificial Intelligence is amazing and I love robotics..."]
```

图 3.4 句子被划分为子句

> sent_tokenize 方法返回一个由不同句子构成的列表。
> NLTK 的一个缺点在于，sent_tokenize 方法并不分析完整文本的语义结构，只是按照句点对文本进行拆分。

词例化的结果如图 3.5 所示。

```
['This',
 'course',
 'is',
 'great',
 '.',
 'I',
 "'m",
 'going',
 'to',
 'learn',
 'deep',
 'learning',
 ';',
 'Artificial',
 'Intelligence',
 'is',
 'amazing',
 'and',
 'I',
 'love',
 'robotics',
 '...']
```

图 3.5 对句子进行词例化

5．完成了句子的词例化之后，下面去除停用词。停用词是指不包含文本相关信息的一组词。在使用 stopwords 之前需要进行下载：

```
nltk.download('stopwords')
```

6．将 stopwords 的语言设置为英语：

```
stop_words = set(stopwords.words("english"))
print(stop_words)
```

输出如图 3.6 所示。

```
{'too', 'your', 'has', 'needn', "isn't", 'shan', 'below', 'the', 'if', 'not', 'itself', 'out', 'don', 'to', 'before', 'is', 'on
ce', "didn't", 'hasn', 'into', 'there', 'yours', 'or', "you'll", 'will', 're', 'ourselves', 'weren', "she's", 'couldn', 'on',
'off', 'an', 'again', 'while', 'where', "needn't", 'her', 'nor', 'but', 'was', 'been', 'a', 'wouldn', 'with', 'you', 'further',
'all', 'them', 'those', 'up', 'ours', "you're", 'they', "shan't", 'mustn', 'then', "couldn't", "that'll", 'of', 'i', 'as', 's',
'll', 'd', 'y', 'their', 'being', 'few', 'did', 'how', 'be', 'doing', 'both', 't', 'from', "you've", 'more', 'who', 'himself',
'whom', 'doesn', 'are', 'after', 'now', "doesn't", "shouldn't", 'haven', 'were', 'what', 'this', "haven't", 'by', 'yourselves',
'he', 'his', "should've", 'most', 'should', 'won', 'why', "mustn't", 'just', 'other', 'at', 'myself', "you'd", 'herself', 'her
s', 'so', "don't", 'hadn', "mightn't", 'no', 'about', 'does', 'my', 'until', 'in', 'which', 'through', 'any', 'and', 'am', 'is
n', 'only', 'these', 'me', 'ain', 'some', 'for', 'each', 'm', 'we', "it's", "wouldn't", 'had', 'o', "hadn't", 'between', "has
n't", 'yourself', 'theirs', 've', 'aren', 'same', 'during', 'when', 'wasn', 'its', 'very', 'down', 'it', 'mightn', 'such', "was
n't", "won't", "aren't", 'own', 'him', 'ma', 'she', 'over', 'having', 'have', "weren't", 'above', 'against', 'our', 'do', 'did
n', 'here', 'themselves', 'that', 'than', 'because', 'under', 'shouldn', 'can'}
```

图 3.6 英语中的停用词集合

7．处理句子，去除 stopwords 中包含的停用词：

```
print(word_tokenize(example_sentence))
print([w for w in word_tokenize(example_sentence.lower()) if w not in
stop_words])
```

输出如图 3.7 所示。

```
['This', 'course', 'is', 'great', '.', 'I', "'m", 'going', 'to', 'learn', 'deep', 'learning', ';', 'Artificial', 'Intelligenc
e', 'is', 'amazing', 'and', 'I', 'love', 'robotics', '...']
['course', 'great', '.', "'m", 'going', 'learn', 'deep', 'learning', ';', 'artificial', 'intelligence', 'amazing', 'love', 'rob
otics', '...']
```

图 3.7　去除停用词后的句子

8．可以自己设置 stopwords，并检查输出结果：

```
stop_words = stop_words - set(('this', 'i', 'and'))
print([w for w in word_tokenize(example_sentence.lower()) if w not in
```

输出如图 3.8 所示。

```
['this', 'course', 'great', '.', 'i', "'m", 'going', 'learn', 'deep', 'learning', ';', 'artificial', 'intelligence', 'amazing',
'and', 'i', 'love', 'robotics', '...']
```

图 3.8　设置停用词

9．词干分析器（stemmer）用于从词语中去除词缀。下面定义一个词干分析器，然后处理句子。PorterStemmer 是用来执行该任务的一种算法：

```
from nltk.stem.porter import * # 导入词干分析器
stemmer = PorterStemmer()
print([stemmer.stem(w) for w in word_tokenize(example_sentence)])
```

输出如图 3.9 所示。

```
['thi', 'cours', 'is', 'great', '.', 'I', "'m", 'go', 'to', 'learn', 'deep', 'learn', ';', 'artifici', 'intellig', 'is', 'ama
z', 'and', 'I', 'love', 'robot', '...']
```

图 3.9　应用词干分析器

10．使用词性标注器（POS tagger）对每个词进行分类：

```
nltk.download('averaged_perceptron_tagger')
t = nltk.pos_tag(word_tokenize(example_sentence)) #附带标签的各词
t
```

输出如图 3.10 所示。

averaged_perceptron_tagger 是一个用来预测词语类别的算法。

不难看出，NLTK 可以很轻松地处理句子，用来分析一组庞大的文本文档也完全没问题。NLTK 支持许多语言，拥有比同类库更快的词例化速度，并且对于每一种 NLP 问题，都具有许多相应的方法。

```
[('This', 'DT'),
 ('course', 'NN'),
 ('is', 'VBZ'),
 ('great', 'JJ'),
 ('.', '.'),
 ('I', 'PRP'),
 ("'m", 'VBP'),
 ('going', 'VBG'),
 ('to', 'TO'),
 ('learn', 'VB'),
 ('deep', 'JJ'),
 ('learning', 'NN'),
 (';', ':'),
 ('Artificial', 'NNP'),
 ('Intelligence', 'NNP'),
 ('is', 'VBZ'),
 ('amazing', 'JJ'),
 ('and', 'CC'),
 ('I', 'PRP'),
 ('love', 'VBP'),
 ('robotics', 'NNS'),
 ('...', ':')]
```

图 3.10   应用词性标注器

3.2.3   spaCy

spaCy 是 Python 中的另一个 NLP 库，虽然看起来和 NLTK 很像，但工作原理有些不同。

spaCy 是由马特·汉尼拔（Matt Honnibal）开发的，旨在帮助数据科学家轻松地进行文本清洗和归一化。spaCy 是为机器学习模型准备文本数据的最快的库，包含了内置的词向量，以及用来计算两个或更多文本之间相似度的方法（这些方法是用神经网络训练的）。

spaCy 的 API 非常易用，比 NLTK 的 API 更为直观。人们常常将 spaCy 比作 NLP 中的 NumPy。spaCy 提供了不同的方法和函数，用来执行词例化、词形还原、词性标注、命名实体识别、依存句法分析、句子相似度和文档相似度计算、文本分类等任务。

除了语言学特性之外，spaCy 还具有统计学模型，可以用来预测一些语言学注解，例如一个词语是动词还是名词。根据预测的语言的不同，可能会需要更改模块。spaCy 中还包含 Word2Vec 模型，第 4 章会进行介绍。

spaCy 具有很多优点，这在前面已经提过了，但它也有一些缺点。例如，spaCy 只支持 8 种语言（NLTK 支持 17 种），词例化速度比较慢（对庞大的语料库来说，这个耗时的过程可能十分关键），并且不太灵活（spaCy 只提供了 API 方法，不允许修改任何参数）。

在开始练习之前，先介绍一下 spaCy 的架构。spaCy 中最重要的数据结构是 Doc 和 Vocab。

Doc 结构就是加载的文本，但不是一个字符串，而是由一系列词例和相应的注解构成的。Vocab 结构是一组查找表，但查找表是什么？这个结构又为什么重要？查找表是一个数组，可以借助简单的数组索引操作来取代运行时的计算操作。spaCy 将不同文档中的信息集中在一起，这样可以获得更高的效率，并且更节省内存。如果没有这些数据结构，spaCy 的计算速度就会很慢。

不过，Doc 和 Vocab 的架构不同，因为 Doc 是一种数据容器。Doc 对象拥有数据，由一系列 token 或 span 构成。还有一些 lexeme（词位），与 Vocab 的架构相关，因为它们都没有上下文（这一点和 token 容器不同）。

 lexeme 是一个词汇含义单元，并且没有曲折变化的结尾。研究词位的领域是构词学分析。

图 3.11 所示为 spaCy 的架构。

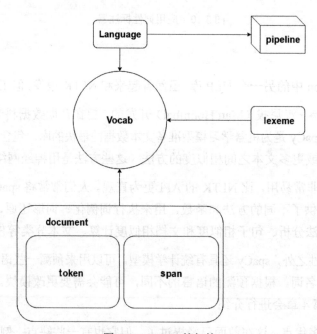

图 3.11 spaCy 的架构

根据加载的语言模型的不同，可能会需要使用一个不同的 pipeline 和不同的 Vocab。

3.2.4 练习 11：spaCy 入门

本练习会使用与"练习 10"中同样的句子，进行相同的变换，不同的是使用 spaCy 的 API。本练习有助于读者学习和理解这两个库之间的差异。

1．打开 Google Colab。

2．为本书创建一个文件夹。

3．导入 spaCy：

```
import spacy
```

4．初始化 nlp 对象，该对象是 spaCy 方法的一部分。运行下方代码，加载括号中的模型：

```
import en_core_web_sm
nlp = spacy.load('en')
```

5．使用与"练习 10"中同样的句子，创建 Doc 容器：

```
example_sentence = "This course is great. I'm going to learn deep
learning; Artificial Intelligence is amazing and I love robotics..."
doc1 = nlp(example_sentence)
```

6．依次输出 doc1、doc1 的格式、第 5 个和第 11 个词例，以及第 5 个和第 11 个词例之间的 span：

```
print("Doc structure: {}".format(doc1))
print("Type of doc1:{}".format(type(doc1)))
print("5th and 10th Token of the Doc: {}, {}".format(doc1[5], doc1[11]))
print("Span between the 5th token and the 10th: {}".format(doc1[5:11]))
```

输出如图 3.12 所示。

```
Doc structure: This course is great. I'm going to learn deep learning; Artifici
al Intelligence is amazing and I love robotics...
Type of doc1:<class 'spacy.tokens.doc.Doc'>
5th and 10th Token of the Doc: I, learning
Span between the 5th token and the 10th: I'm going to learn deep
```

图 3.12 spaCy 中一个 document 的输出

7. document 由 token 和 span 构成。首先，看一看 doc1 的 span，然后再看看它的 token。

输出 span：

```
for s in doc1.sents:
    print(s)
```

输出如图 3.13 所示。

```
This course is great.
I'm going to learn deep learning; Artificial Intelligence is amazing
and I love robotics...
```

图 3.13　输出 doc1 的 span

输出 token：

```
for i in doc1:
    print(i)
```

输出如图 3.14 所示。

```
This
course
is
great
.
I
'm
going
to
learn
deep
learning
;
Artificial
Intelligence
is
amazing
and
I
love
robotics
...
```

图 3.14　输出 doc1 的 token

8．将 document 划分为 token 之后，就可以去除停用词了。先进行导入：

```
from spacy.lang.en.stop_words import STOP_WORDS
print("Some stopwords of spaCy: {}".format(list(STOP_WORDS)[:10]))
type(STOP_WORDS)
```

输出如图 3.15 所示。

```
Some stopwords of spaCy: ['within', 'put', 'may', 'part', 'amongst', 'into', 'a
t', 'everyone', 'often', 'though']
```

图 3.15   spaCy 中的 10 个停用词

可以利用 token 容器中的 is_stop 属性：

```
for i in doc1[0:5]:
    print("Token: {} | Stop word: {}".format(i, i.is_stop))
```

输出如图 3.16 所示。

```
Token: This | Stop word: False
Token: course | Stop word: False
Token: is | Stop word: True
Token: great | Stop word: False
Token: . | Stop word: False
```

图 3.16   token 的 is_stop 属性

9. 如果希望新增停用词，需要更改 vocab 容器：

```
nlp.vocab["This"].is_stop = True
doc1[0].is_stop
```

输出如下：

```
True
```

10. 对 token 容器进行初始化，以便进行词性标注：

```
for i in doc1[0:5]:
    print("Token: {} | Tag: {}".format(i.text, i.pos_))
```

输出如图 3.17 所示。

```
Token: This | Tag: DET
Token: course | Tag: NOUN
Token: is | Tag: VERB
Token: great | Tag: ADJ
Token: . | Tag: PUNCT
```

图 3.17   token 的 .pos_ 属性

11. document 容器具有 ents 属性，即 token 的实体。下面创建一个新的 document，其中包含更多实体：

```
doc2 = nlp("I live in Madrid and I am working in Google from 10th of
December.")
for i in doc2.ents:
    print("Word: {} | Entity: {}".format(i.text, i.label_))
```

输出如图 3.18 所示。

```
Word: Madrid | Entity: GPE
Word: Google | Entity: GPE
Word: 10th | Entity: ORDINAL
Word: December | Entity: DATE
```

图 3.18   token 的.label_ 属性

> 从本练习中可以看到，spaCy 比 NLTK 要易用得多，但
> NLTK 提供了更多的方法来对文本进行不同的操作。
> spaCy 对生产来说是完美的，也就是说，spaCy 可以在
> 最短的时间内完成基本的文本处理。

这个练习就到此为止了，现在你能够使用 NLTK 或者 spaCy 进行文本预处理了。根据希望执行的任务的不同，可以从这两个库中选择一个合适的库来进行数据清洗。

3.3 主题建模

作为 NLP 的一部分，NLU 涵盖了许多任务，其中的一项任务就是从句子、段落或者文档中提取含义。理解文档的一种方法就是借助主题。例如，从报纸上截取下来的一段文字，其主题可能会是政治或者体育等。利用主题建模技术，可以获得分别由一组词语表示的不同主题。根据文档的不同，可能会获得由不同的词语表示的不同主题。主题建模技术旨在了解语料库中文档的不同类型。

3.3.1 词频-逆文档频率（TF-IDF）

词频-逆文档频率（Term Frequency-Inverse Document Frequency，TF-IDF）是一种常用的 NLP 模型，用来从文档中提取最重要的词语。该算法会为每个词语赋予一个权重，从而区分出重要的词语。该方法的思想是，通过降低权重忽略那些与全局概念（即文本的总体主题）不相干的词语，从而找到文档中的关键字（即权重最高的词语）。

从数学上来说，有具体的公式用来计算文档中词语的权重，如图 3.19 所示。

$$w_{i,j} = \text{tf}_{i,j} \log \left(\frac{N}{\text{df}_i} \right)$$

图 3.19 TF-IDF 公式

具体解释如下。

- $W_{i,j}$：词语 i 在文档 j 中的权重。

- $\text{tf}_{i,j}$：i 在 j 中出现的频次。

- df_i：包含 i 的文档的数量。

- N：文档总数。

计算方法是，用一个词语在文档中出现的次数，乘以文档总数除以包含该词语的文档数量的对数。

3.3.2 潜在语义分析（LSA）

潜在语义分析（Latent Semantic Analysis，LSA）是主题建模中最基本的技术之一，用来分析一组文档和词语之间的关系，获得相应的一组概念。

与 TF-IDF 相比，LSA 又前进了一大步。对包含大量数据的一组文档来说，TF-IDF 矩阵中会有很多噪声信息和冗余维度，因此 LSA 算法用来进行降维。

这种降维是使用奇异值分解（Singular Value Decomposition，SVD）进行的。SVD 将一个矩阵 M 分解为 3 个独立矩阵的乘积，如图 3.20 所示。

$$A_{m \times n} = U_{m \times m} S_{n \times n} (V_{n \times n})^{\text{T}}$$

图 3.20 奇异值分解

具体解释如下。

- A：输入数据矩阵。

- m：文档数量。

- n：词语数量。

- U：由左奇异向量构成，是一个文档-主题矩阵。

- S：奇异值，代表每个概念的强度。这是一个对角线矩阵。

- **V**：由右奇异向量构成，代表词语在主题上的向量。

> 该方法在文档数量很大的情况下更为高效，但有更好的算法可以完成这项任务，例如线性判别式分析（Linear Discriminant Analysis，LDA）和概率潜在语义分析（Probabilitic Latent Semantic Analysis，PLSA）。

3.3.3　练习 12：使用 Python 进行主题建模

本练习会使用一个特定的库，在 Python 中实现 TF-IDF 和 LSA。进行本练习之后，你将能够利用这些技术来计算文档中词语的权重：

1. 打开 Google Colab。

2. 为本书创建一个文件夹。

3. 虽然使用图 3.19 中的公式也能够生成 TF-IDF 矩阵，但这是使用 Python 中最有名的机器学习算法库之一的 scikit-learn 库来实现：

```
from sklearn.feature_extraction.text import TfidfVectorizer
from sklearn.decomposition import TruncatedSVD
```

4. 本练习会使用一个简单的语料库，只包含 4 个句子：

```
corpus = [
    'My cat is white',
    'I am the major of this city',
    'I love eating toasted cheese',
    'The lazy cat is sleeping',
]
```

5. 使用 TfidfVectorizer 函数，可以将语料库中的文档集合转换为一个由 TF-IDF 特征构成的矩阵：

```
vectorizer = TfidfVectorizer()
X = vectorizer.fit_transform(corpus)
```

6. get_feature_names()方法用来展示提取的特征。

> 若想更好地理解 TfidfVectorizer 函数，可以访问 Scikit Learn 官方文档。

```
vectorizer.get_feature_names()
```

输出如图 3.21 所示。

```
['am',
 'cat',
 'cheese',
 'city',
 'eating',
 'is',
 'lazy',
 'love',
 'major',
 'my',
 'of',
 'sleeping',
 'the',
 'this',
 'toasted',
 'white']
```

图 3.21　语料库的特征名称

7. 可以使用 todense 函数来查看稀疏矩阵 x 内容：

```
X.todense()
```

输出如图 3.22 所示。

```
matrix([[0.        , 0.43779123, 0.        , 0.        , 0.        ,
         0.43779123, 0.        , 0.        , 0.        , 0.55528266,
         0.        , 0.        , 0.        , 0.        , 0.        ,
         0.55528266],
        [0.42176478, 0.        , 0.        , 0.42176478, 0.        ,
         0.        , 0.        , 0.        , 0.42176478, 0.        ,
         0.42176478, 0.        , 0.3325242 , 0.42176478, 0.        ,
         0.        ],
        [0.        , 0.        , 0.5       , 0.        , 0.5       ,
         0.        , 0.        , 0.5       , 0.        , 0.        ,
         0.        , 0.        , 0.        , 0.        , 0.5       ,
         0.        ],
        [0.        , 0.40104275, 0.        , 0.        , 0.        ,
         0.40104275, 0.50867187, 0.        , 0.        , 0.        ,
         0.        , 0.50867187, 0.40104275, 0.        , 0.        ,
         0.        ]])
```

图 3.22　语料库的 TF-IDF 矩阵

8. 使用 LSA 进行降维。TruncatedSVD 方法使用 SVD 对输入矩阵进行变换。本练习会设置 n_components=10，但在此之后，就需要设置 n_components=100 了（对更大的语料库来说能获得更好的结果）：

```
lsa = TruncatedSVD(n_components=10,algorithm='randomized',n_
iter=10,random_state=0)
lsa.fit_transform(X)
```

输出如图 3.23 所示。

```
array([[ 7.75313171e-01,  0.00000000e+00, -3.55033830e-01,
        -5.22341331e-01],
       [ 2.94444444e-01, -1.58085674e-16,  9.34853453e-01,
        -1.98372101e-01],
       [ 1.77654527e-16,  1.00000000e+00,  1.47786938e-16,
         5.69692241e-17],
       [ 8.29341934e-01, -1.58085674e-16, -3.33066907e-16,
         5.58741404e-01]])
```

图 3.23　使用 LSA 进行降维

9．.components_ 属性展示了 vectorizer.get_feature_names() 中每个特征的权重。请注意，LSA 矩阵的维度是 4×16，语料库中有 4 个文档（概念），vectorizer 有 16 个特征（词语）：

```
lsa.components_
```

输出如图 3.24 所示。

```
array([[ 9.02768569e-02,  4.88527927e-01,  4.16333634e-16,
         9.02768569e-02,  3.74700271e-16,  4.88527927e-01,
         3.06671984e-01,  3.74700271e-16,  9.02768569e-02,
         3.12963746e-01,  9.02768569e-02,  3.06671984e-01,
         3.12959025e-01,  9.02768569e-02,  3.74700271e-16,
         3.12963746e-01],
       [-3.40005801e-16, -1.94289029e-16,  5.00000000e-01,
        -2.77555756e-16,  5.00000000e-01, -1.87350135e-16,
        -3.81639165e-16,  5.00000000e-01, -2.77555756e-16,
         1.31838984e-16, -2.77555756e-16, -3.81639165e-16,
        -5.13478149e-16, -2.77555756e-16,  5.00000000e-01,
         1.31838984e-16],
       [ 3.94288263e-01, -1.55430698e-01,  2.70616862e-16,
         3.94288263e-01,  2.91433544e-16, -1.55430698e-01,
        -2.49800181e-16,  2.91433544e-16,  3.94288263e-01,
        -1.97144132e-01,  3.94288263e-01, -2.49800181e-16,
         3.10861395e-01,  3.94288263e-01,  2.91433544e-16,
        -1.97144132e-01],
       [-1.33998273e-01, -7.36288530e-03,  1.68918698e-16,
        -1.33998273e-01,  1.96891115e-16, -7.36288530e-03,
         4.55194360e-01,  1.96891115e-16, -1.33998273e-01,
        -4.64533246e-01, -1.33998273e-01,  4.55194360e-01,
         2.53234685e-01, -1.33998273e-01,  1.96891115e-16,
        -4.64533246e-01]])
```

图 3.24　理想的 TF-IDF 矩阵输出

本练习顺利完成了！这是为"项目 3"做的预备练习。请留意本练习中的第 7 步，这对完成后面的项目来说至关重要。建议读者阅读 scikit-learn 库的文档，学习如何发挥这两种方法的最大作用。现在，你已经学会了如何创建 TF-IDF 矩阵。这个矩阵可能会很大，所以为了更好地管理数据，可以使用 LSA 算法对文档中每个词语的权重进行降维。

3.3.4 项目 3：处理一个语料库

本项目会处理一个很小的语料库，清洗数据，并使用 LSA 来提取关键词和概念。

试想这样一个场景：镇上的报纸商举办了一场比赛，比赛的内容是预测文章类别。这份报纸没有结构化数据库，只有原始数据。他们提供了一小部分文档，希望知道每篇文章是否与政治、科学或体育相关。

 你可以选择 spaCy 或者 NLTk 库来完成这个项目，两种解决方法都是可行的，只要在使用 LSA 算法之后获得的关键字是相关的即可。

1．加载语料库中的文档，并存储在一个列表里。语料库文档可以在配套资源的 Lesson03/Activity03/dataset 文件夹中获取。

2．使用 spaCy 或者 NLTK 对文本进行预处理。

3．应用 LSA 算法。

4．对于每个概念，展示前 5 个关键字。

关键字：moon、apollo、earth、space、nasa。

关键字：yard、touchdown、cowboys、prescott、left。

关键字：facebook、privacy、tech、consumer、data。

 上面列举的关键字可能和你获得的不同。如果你获得的关键字之间并不相关，请检查是否解决方法有误。

输出如图 3.25 所示。

Terms	Components
1845	moon	0.338403
272	apollo	0.315843
958	earth	0.180482
2558	space	0.157921
1879	nasa	0.135361

图 3.25　与概念 f1 最相关的词语的输出示例

 本项目的答案参见附录。

3.4　语言建模

目前为止，本章介绍了文本数据预处理的基础技术。下面会深入探讨自然语言的结构，介绍语言模型，也可以算作 NLP 机器学习的简介。

3.4.1　语言模型简介

统计学**语言模型**（Language Model，LM）是一个词语序列的概率分布，也就是说，为特定的句子指定概率。例如，LM 可以用来计算句子中下一个词的出现概率。在这个过程中，会涉及对 LM 的结构和形成方式进行一些假设。虽然 LM 的输出永远不是完全正确的，但经常会有必要使用 LM。

LM 被用在许多 NLP 任务中。例如，在机器翻译中，很重要的一件事就是弄清楚句子的先后顺序。LM 还用于进行语音识别、歧义消除、拼写纠正和自动摘要。

下面看一看 LM 在数学上的表示：

- $P(W) = P(w_1, w_2, w_3, w_4, \ldots, w_n)$。

$P(W)$ 是 LM，w_i 是 W 中的词语。如前所述，可以按照以下方式，计算下一个出现的词语的概率：

- $P(w_5 | w_1, w_2, w_3, w_4)$。

(w_1, w_2, w_3, w_4) 说明了在一个给定的词语序列中，w_5（下一个词语）出现的概率。

在 $P(w_5|w_1,w_2,w_3,w_4)$ 这个例子中，可以进行以下假设：

- P(当前词语 | 之前的词语)。

为了获得当前词语的概率，可以使用不同数量的之前词语。希望使用的之前词语数量的不同，使用的模型也会不同。下面介绍一些关于这些模型的重要概念。

3.4.2 二元模型

二元模型（bigram model）是由两个连续词语构成的序列。例如，在"My cat is white"这个句子中，有 3 个 bigram：

```
My cat
Cat is
Is white
```

从数学上来讲，二元模型的形式为 $P(w_i|w_{i-1})$。

3.4.3 N 元模型

如果改变之前词语的长度，就可以得到 N 元模型（N-gram model）。N 元模型和二元模型类似，但考虑的词语数量更多。

沿用上面"My cat is white"的例子，可以得到以下两种。

- Trigram：

```
My cat is
Cat is white
```

- 4-gram：

```
My cat is white
```

N 元问题

读者可能会觉得 N 元模型比二元模型更准确，因为 N 元模型可以获得更多"关于之前词语的知识"。然而，由于存在长距离依赖（long-distance dependencies）的问题，N 元模型在某种程度上是受限制的。例如，对于"After thinking about it a lot, I bought a television"这个句子，按照下面的方法计算：

- P(television| after thinking about it a lot, I bought a)。

"After thinking about it a lot, I bought a television"这个句子可能是语料库中唯一一个拥有这种结构的词语序列。如果将 television 替换为其他词语，例如 computer，那么 "After thinking about it a lot, I bought a computer" 这个句子仍然是合理的，但在该模型中，会出现下面这种情况：

- P(computer| after thinking about it a lot, I bought a) = 0。

虽然这个句子是合理的，但模型并不准确，所以需要谨慎使用 N 元模型。

3.4.4　计算概率

3.4.4.1　一元概率

一元（unigram）是概率计算中最简单的情况，即计算一个词语在一组文档中的出现次数。计算公式如图 3.26 所示。

$$P(w_i) = \frac{c(w_i)}{size(Corpus)}$$

图 3.26　一元概率计算公式

具体解释如下。

- $c(w_i)$ 是 w_i 的出现频次。
- w_i 在整个语料库中都会出现。
- $size(Corpus)$ 是语料库的大小，即语料库中的词例数量。

3.4.4.2　二元概率

为了进行二元概率估计，需要使用最大似然估计，计算公式如图 3.27 所示。

$$P(w_i) = \frac{c(w_i)}{size(Corpus)}$$

图 3.27　二元概率计算公式

下面通过一个示例来更好地理解这个公式。

试想语料库由下面 3 个句子构成。

- My name is Charles。
- Charles is my name。

- My dog plays with the ball。

语料库的大小是 14 个单词，下面来估计 "my name" 这个序列的概率，如图 3.28 所示。

$$P(\text{name}|\text{my}) = \frac{c(\text{my, name})}{c(\text{my})} = \frac{2}{3} \approx 0.67$$

图 3.28　二元估计示例

3.4.4.3　链式法则

理解了二元和 N 元的概念之后，下面介绍如何获得这些概率。

如果具备基本的统计学知识，读者应该会意识到，最好的方法是应用链式法则来对各个概率进行连接。例如，在 "My cat is white" 这个句子中，概率计算的方法如下：

$$P(\text{my cat is white}) = p(\text{white}|\text{my cat is})\, p(\text{is}|\text{my cat})\, p(\text{cat}|\text{my})\, p(\text{my})$$

这种方法在该句子中似乎还行得通，但如果在更长的句子中，就会出现长距离依赖的问题，从而可能导致 N 元模型的结果是错误的。

3.4.4.4　平滑

目前为止，对于概率模型，可以使用最大似然估计来估计模型参数。

LM 的最大问题之一就是数据不足。数据不足会导致出现很多未知的情况，这就意味着，LM 最终会对没见过的词语赋予 0 概率。

可以使用平滑方法来解决这个问题，让所有的概率估计结果都大于零。本书将会使用加一平滑，如图 3.29 所示。

$$P(w_i|w_{i-1}) = \frac{c(w_{i-1}, w_i) + 1}{|V| + c(w_{i-1})}$$

图 3.29　二元估计中的加一平滑

其中，V 是语料库中不同词例的数量。

> 其他的一些平滑方法具有更好的性能，加一平滑只是最基础的方法。

3.4.4.5　马尔可夫假设

马尔可夫假设对估计长句子的概率来说非常有用，可以用来解决长距离依赖的问题。

马尔可夫假设对链式法则进行了简化,用来估计长序列词语的概率。每个估计都只取决于前一个词语,如图 3.30 所示。

$$P(w_i|w_{i-1}, w_{i-2}, \cdots, w_1) = P(w_i|w_{i-1})$$

图 3.30 马尔可夫假设

也有二阶马尔可夫假设,每个估计取决于前两个词语,但本书会使用一阶马尔可夫假设,如图 3.31 所示。

$$P(\text{white}|\text{my cat is}) = P(\text{white}|\text{is})$$

图 3.31 马尔可夫假设示例

在完整的句子上应用,就会得到图 3.32 所示的结果。

$$P(\text{my cat is white}) = P(\text{white}|\text{is})P(\text{is}|\text{cat})P(\text{cat}|\text{my})P(\text{my})$$

图 3.32 对完整的句子应用马尔可夫假设的示例

使用上面的方法拆解词语序列,可以得到更准确的概率。

3.4.5 练习 13:创建一个二元模型

本练习会创建简单的一元 LM 和二元 LM,还会比较使用和没有使用加一平滑所创建的 LM 获得的结果。N 元模型可以应用在输入法中,用来预测输入的下一个词语。可以通过二元模型完成这种预测。

1. 打开 Google Colab。

2. 为本书创建一个文件夹。

3. 定义一个很小的、易于训练的语料库:

```
import numpy as np
corpus = [
    'My cat is white',
    'I am the major of this city',
    'I love eating toasted cheese',
    'The lazy cat is sleeping',
]
```

4. 导入所需的库,加载模型:

```
import spacy
import en_core_web_sm
```

```
from spacy.lang.en.stop_words import STOP_WORDS
nlp = en_core_web_sm.load()
```

5. 使用 spaCy 进行词例化。为了让平滑方法和二元概率估计能够更快，下面创建 3
个列表。

- Tokens：语料库中的全部词例。

- Tokens_doc：一个列表，其中包含由各个句子中的词例构成的列表。

- Distinc_tokens：全部的独特词例。

```
tokens = []
tokens_doc = []
distinc_tokens = []
```

下面创建第一个循环，对语料库中的句子进行迭代。doc 变量是一个由句子中的词例
所构成的序列：

```
for c in corpus:
    doc = nlp(c)
    tokens_aux = []
```

下面创建第二个循环，对词例进行迭代，并将其放在相应的列表中。变量 t 用来代表
句子中的每个词例：

```
for t in doc:
        tokens_aux.append(t.text)
        if t.text not in tokens:
            distinc_tokens.append(t.text) # 只添加不重复的词例
        tokens.append(t.text)
    tokens_doc.append(tokens_aux)
    tokens_aux = []
    print(tokens)
    print(distinc_tokens)
    print(tokens_doc)
```

6. 创建一元模型，并进行测试：

```
def unigram_model(word):
    return tokens.count(word)/len(tokens)
unigram_model("cat")
Result = 0.1388888888888889
```

7. 添加平滑，并使用同样的词语进行测试：

```
def unigram_model_smoothing(word):
    return (tokens.count(word) + 1)/(len(tokens) + len(distinc_tokens))
unigram_model_smoothing("cat")
Result = 0.1111111111111111
```

 这种平滑方法的问题是，每个没见过的词语都会有同样大小的概率。

8. 创建二元模型：

```
def bigram_model(word1, word2):
    hit = 0
```

9. 对文档中的全部词例进行迭代，寻找 word1 和 word2 一起出现的概率：

```
for d in tokens_doc:
    for t,i in zip(d, range(len(d))):
        if i <= len(d)-2:
            if word1 == d[i] and word2 == d[i+1]:
                hit += 1
    print("Hits: ",hit)
    return hit/tokens.count(word1)
bigram_model("I","am")
    ...
```

输出如图 3.33 所示。

```
Hits:  1
0.5
```

图 3.33　word1 和 word2 在文档中一起出现的概率

10. 为二元模型添加平滑：

```
def bigram_model_smoothing(word1, word2):
    hit = 0
    for d in tokens_doc:
        for t,i in zip(d, range(len(d))):
            if i <= len(d)-2:
                if word1 == d[i] and word2 == d[i+1]:
                    hit += 1
```

```
      return (hit+1)/(tokens.count(word1)+len(distinc_tokens))
bigram_model("I","am")
```

输出如图 3.34 所示。

0.1

图 3.34　为模型添加平滑之后的输出

至此，你已经完成了本章的最后一个练习。在第 4 章中你会看到，LM 方法是一种基本的深度 NLP 方法。现在，你可以用一个庞大的语料库创建自己的 LM 了。

> 使用马尔可夫假设时，最终的概率会舍入 0。建议先应用 log 函数，然后将各个部分加起来。此外，可以检查一下代码的精度位数（float16 < float32 < float 64）。

3.5　小结

NLP 在 AI 中正在变得越来越重要。各个行业会分析大量无结构的原始文本数据，为了理解这些数据，需要使用很多库来进行处理。NLP 的方法和函数分为两组：生成自然语言的 NLG，以及理解自然语言的 NLU。

对文本数据进行清洗十分重要，因为有很多无用和无关的信息。在数据准备就绪，可以进行处理之后，使用诸如 TF-IDF 和 LSA 之类的数学算法，可以理解大量文档。使用 NLTK 和 spaCy 之类的库对这项任务来说非常有帮助，因为它们提供了一些去除数据中的噪声的方法。文档可以表示为矩阵，TF-IDF 矩阵可以提供文档的全局表示，但如果语料库很大，更好的选择是使用 LSA 和 SVD 进行降维操作。scikit-learn 库提供的算法可以用来处理文档，但如果文档没有经过预处理，结果会是不准确的。最后，可能会使用到使用语言模型，但它们需要在有效的文档训练集上训练。如果文档的质量很好，那么语言模型应该能够生成语言。

下一章会介绍循环神经网络（Recurrent Neural Network，RNN），研究一些 RNN 的高级模型，在机器人的构建之路上更进一步。

第 4 章
NLP 神经网络

学习目标

阅读完本章之后，你将能够：

- 解释循环神经网络的概念；

- 设计并构建一个循环神经网络；

- 评估非数值数据；

- 评估各种最先进的 RNN 语言模型；

- 基于时序数据进行数值预测。

本章介绍 RNN 的各个方面，对各种 RNN 模型进行解释、设计和构建。

4.1 简介

如前一章所述，自然语言处理（NLP）是人工智能（AI）的一个领域，旨在让计算机理解和使用人类语言，从而执行有用的任务。如今，随着深度学习技术的进步，深度 NLP 成为一个新的研究领域。

那么，什么是深度 NLP 呢？深度 NLP 就是 NLP 技术与深度学习的结合。这两种技术的结合在以下领域中取得了较大的进展。

- 语言学：语音转文本。

- 工具：词性标注、实体识别、句法分析。

- 应用：情感分析、问答系统、对话代理、机器翻译。

深度 NLP 中最重要的方法之一就是词语和句子的表示。词语可以表示为多维空间中的一个向量，且该平面同时包含很多其他词语的向量。根据两个词语之间相似度的不同，它们在平面上的距离也会有相应的大小。

图 4.1 所示为词嵌入的一个例子。**词嵌入**（word embedding）是一组将语料库中的词语和句子映射为向量或实数的技术和方法，可以根据每个词语出现的上下文来生成词语的表示，从而计算词语之间的相似度。例如，与"dog"一词最接近的词语如下：

- Dogs；

- Cat；

- Cow；

- Rat；

- Bird。

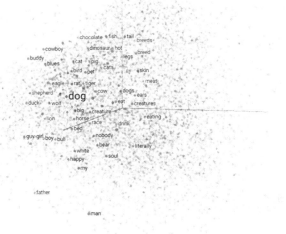

图 4.1 词嵌入的一个例子

使用诸如 Word2Vec 之类的方法可以生成词嵌入，本书会在第 7 章中介绍 Word2Vec。

这不是深度学习在构词学层次上为 NLP 带来的唯一重大改变。利用深度学习,还可以将词语表示为向量的组合。

每个词素是一个向量,一个词语就是将几个词素向量组合在一起的结果。

这种向量组合技术也同样可以在语义层次中用来创建词语和句子。每个短语由多个词向量组合而成,因此一个句子也可以表示为一个向量。

另一项改进是在句法分析上。这项任务是困难的,因为其中存在歧义。神经网络可以用来准确地确定一个句子的语法结构。

在应用方面,以下各个领域都受到了深度学习的影响。

- **情感分析**:传统上,人们使用由标注为积极或消极情感的词语构成的词袋来进行情感分析,将相应的词语组合在一起就可以获得整个句子的情感。如今,利用深度学习和词语表示模型,可以在情感分析上获得更好的结果。

- **问答系统**:为了找到问题的答案,可以利用向量表示将输入的问题与一个文档、段落或者句子进行匹配。

- **对话代理**:神经语言模型可以用来理解查询并进行回复。

- **机器翻译**:机器翻译是 NLP 中最困难的任务之一,为此人们尝试了很多不同的方法和模型。传统的模型庞大而复杂,但深度学习的神经机器翻译解决了这个问题。这种模型使用向量对句子进行编码,然后再对输出的向量进行解码。

词语的向量表示是深度 NLP 的基础,许多任务可以通过创建一个平面来完成。在分析深度 NLP 技术之前,先介绍一下 RNN 的概念、RNN 在深度学习中的应用,以及如何创建我们的第一个 RNN。

本书会创建一个能够检测对话意图并使用预定义的答案进行回复的对话代理。利用一个很好的对话数据集可以创建一个 RNN,从而训练一个能够根据对话中给定的主题来生成回复的语言模型(LM)。这个任务也可以使用其他的神经网络架构完成,例如 seq2seq 模型。

4.2 循环神经网络

本节介绍**循环神经网络**(RNN)。首先介绍 RNN 的相关概念;然后介绍 RNN 的多种架构,帮助读者找到用来解决特定问题的模型;接着介绍 RNN 的几种不同类型以及相应的优缺点。此外,还会介绍如何创建一个简单的 RNN、如何训练它,以及如何进行预测。

4.2.1 循环神经网络（RNN）简介

人类的行为是各种有序的行动序列。人类能够基于之前的行动序列来学习动态路径。也就是说，人们不会从零开始学习，之前的知识是会派上用场的。例如，如果你不理解句子中的前一个词语，就无法理解下一个词语。

传统上，神经网络无法解决这种类型的问题，因为它们无法学习之前的信息。然而，如果一个问题是无法仅仅使用当前信息能够解决的呢？

1986 年，迈克尔·乔丹（Michael Jordan）提出了一个模型，用来解决经典的时间组织问题。该模型可以通过研究一个物体之前的运动来学习它的运动轨迹。Jordan 创建的这个模型就是第一个 RNN。

非之前信息与时间序列的对比示例如图 4.2 所示。在左图中，由于缺少信息，我们无法知道黑点的下一步运动会是什么；不过，如果假设右图中的红线记录了该点之前的运动，那么就可以预测该点的下一步运动了。

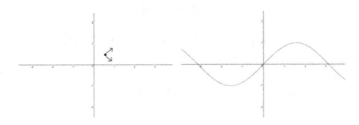

图 4.2　非之前信息与时间序列的对比示例

4.2.2 循环神经网络原理

目前为止，我们已经明白 RNN 不同于一般的神经网络（Neural Network，NN）。RNN 神经元类似于普通的神经元，但具有能够存储时间状态的环路。通过存储某些时刻的状态，RNN 神经元可以基于之前时间的状态来进行预测。传统神经元如图 4.3 所示。

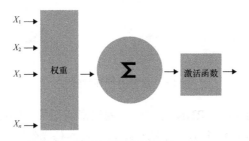

图 4.3　传统神经元

图 4.3 中的 X_n 是神经元的输入，经过激活函数 A 之后，神经元会生成输出。循环神经元的结构则不同，如图 4.4 所示。

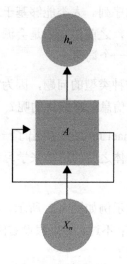

图 4.4　循环神经元

图 4.4 中的环路让循环神经元可以存储时间状态。其中 X_n 是输入，对应的输出是 h_n。循环神经元会随着时间的推移而变化和演进。

如果循环神经元的输入是一个序列，那么 RNN 展开之后如图 4.5 所示。

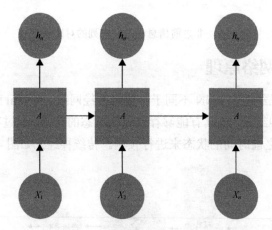

图 4.5　展开的循环神经元

图 4.5 中的链式结构表明，RNN 与序列和列表密切相关。因此，循环神经元的数量和输入的数量是一样的，并且每个神经元都会将它的状态传递给下一个神经元。

4.2.3 RNN 架构

根据输入和输出数量的不同，RNN 具有许多不同神经元数量的架构，每种架构都专门用于某种特定的任务。目前为止，RNN 有许多不同的架构，如图 4.6 所示。

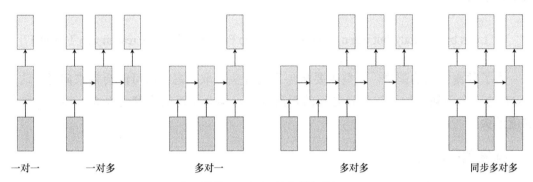

一对一　　　　一对多　　　　　多对一　　　　　　多对多　　　　　　同步多对多

图 4.6　RNN 的各种架构

不同架构的功能如下。

- **一对一**：基于一个输入，执行分类或者回归任务（图像分类）。

- **一对多**：图像描述任务。这是深度学习中的困难任务。例如，模型接收一个图像作为输入，然后描述图像中的各个元素。

- **多对一**：时间序列、情感分析……每项任务都基于不同的输入序列，并且只有一个输出。

- **多对多**：机器自动翻译系统。

- **同步多对多**：视频分类。

4.2.4　长距离依赖问题

在某些任务中，只需要使用最新信息来预测模型的下一步。对时间序列来说，则需要检查更早的元素，从而学习或者预测下一个元素或句子中的词语。例如，看看下面这个句子：

- The clouds are in the sky。

那么对于下面这个句子：

- The clouds are in the [?]。

你可能会认为空缺的词语是"sky"，因为之前的信息是：

- The clouds are in the。

但在其他的一些任务中，模型会需要之前的信息来进行更好的预测。例如，对于下面这个句子：

- I was born in Italy, but when I was 3, I moved to France… that's the reason why I speak [?]

为了预测空缺的词语，模型需要从句子的开头获取信息，这可能会带来问题。这是 RNN 的一个问题：如果与信息之间的距离太大，那么学习的难度会很大。该问题称作**梯度消失**。

梯度消失问题

在 RNN 中，信息会随着时间而传递，使得前面步骤中的信息可以用作下一步的输入。在每个步骤中，模型会计算成本函数，并且获得一个误差度量。在神经网络中传播计算出来的误差，同时试图对误差进行最小化以更新权重时，会获得一个接近 0 的数值（如果将两个很小的数值相乘，得到的会是一个更小的数值）。这样一来，模型的梯度在每次进行乘法运算之后都会变得更小，神经网络也就无法正常训练了。在 RNN 中，解决该问题的一个方法是使用长短期记忆（Long Short-Term Memory，LSTM）网络。

4.2.5 练习 14：使用 RNN 预测房价

下面使用 Keras 来创建第一个 RNN。本练习不是一个时间序列问题，会使用一个回归数据集来介绍 RNN。

Keras 库中的一些方法可以用作一个模型或者某种类型的层。

- Keras models：用来使用 Keras 中各种可用的模型。本练习会使用序列模型。
- Keras layers：用来向神经网络中添加不同类型的层。本练习会使用 LSTM 层和全连接层。全连接层是神经网络中的常规神经元层，每个神经元从前一层的全部神经元接收输入，是全连接的。

本练习的主要目标是预测波士顿房屋的价值，数据集中包含了每个房屋的信息，例如总面积或者房间数量。

1. 从 sklearn 中导入波士顿房价数据集，然后查看数据：

```
from sklearn.datasets import load_boston
```

```
boston = load_boston()
boston.data
```

波士顿房价数据如图 4.7 所示。

```
array([[6.3200e-03, 1.8000e+01, 2.3100e+00, ..., 1.5300e+01, 3.9690e+02,
        4.9800e+00],
       [2.7310e-02, 0.0000e+00, 7.0700e+00, ..., 1.7800e+01, 3.9690e+02,
        9.1400e+00],
       [2.7290e-02, 0.0000e+00, 7.0700e+00, ..., 1.7800e+01, 3.9283e+02,
        4.0300e+00],
       ...,
       [6.0760e-02, 0.0000e+00, 1.1930e+01, ..., 2.1000e+01, 3.9690e+02,
        5.6400e+00],
       [1.0959e-01, 0.0000e+00, 1.1930e+01, ..., 2.1000e+01, 3.9345e+02,
        6.4800e+00],
       [4.7410e-02, 0.0000e+00, 1.1930e+01, ..., 2.1000e+01, 3.9690e+02,
        7.8800e+00]])
```

图 4.7 波士顿房价数据

2. 可以看到，数据中包含了非常大的数值，所以最好对数据进行归一化。下面使用 sklearn 的 MinMaxScaler 函数，将数据变换为 0 到 1 之间的数值：

```
from sklearn.preprocessing import MinMaxScaler
import numpy as np

scaler = MinMaxScaler()
x = scaler.fit_transform(boston.data)

aux = boston.target.reshape(boston.target.shape[0], 1)
y = scaler.fit_transform(aux)
```

3. 将数据划分为训练集和测试集。测试集比较合理的大小是数据大小的 20%：

```
from sklearn.model_selection import train_test_split

x_train, x_test, y_train, y_test = train_test_split(x, y, test_size=0.2,
shuffle=False)
print('Shape of x_train {}'.format(x_train.shape))
print('Shape of y_train {}'.format(y_train.shape))
print('Shape of x_test {}'.format(x_test.shape))
print('Shape of y_test {}'.format(y_test.shape))
```

训练和测试数据的形状如图 4.8 所示。

```
Shape of x_train (404, 13)
Shape of y_train (404, 1)
Shape of x_test (102, 13)
Shape of y_test (102, 1)
```

图 4.8 训练和测试数据的形状

4.　导入 Keras 库，并且设置随机种子来初始化权重：

```
import tensorflow as tf
from keras.models import Sequential
from keras.layers import Dense
tf.set_random_seed(1)
```

5.　创建一个简单的模型，其中的全连接层只是一组神经元。最后的全连接层只包含一个神经元，用来返回输出结果：

```
model = Sequential()

model.add(Dense(64, activation='relu'))
model.add(Dense(32, activation='relu'))
model.add(Dense(1))

model.compile(loss='mean_squared_error', optimizer='adam')
```

6.　训练神经网络：

```
history = model.fit(x_train, y_train, batch_size=32, epochs=5, verbose=2)
```

结果如图 4.9 所示。

```
Epoch 1/5
 - 1s - loss: 0.1098
Epoch 2/5
 - 0s - loss: 0.0569
Epoch 3/5
 - 0s - loss: 0.0364
Epoch 4/5
 - 0s - loss: 0.0277
Epoch 5/5
 - 0s - loss: 0.0241
```

图 4.9　训练神经网络

7.　计算模型的误差：

```
error = model.evaluate(x_test, y_test)
print('MSE: {:.5f}'.format(error))
```

结果如图 4.10 所示。

```
102/102 [==============================] - 0s 353us/step
MSE: 0.01253
```

图 4.10　计算模型的误差

8.　绘制预测：

```
import matplotlib.pyplot as plt
```

```
prediction = model.predict(x_test)
print('Prediction shape: {}'.format(prediction.shape))

plt.plot(range(len(x_test)), prediction.reshape(prediction.shape[0]),
'--r')
plt.plot(range(len(y_test)), y_test)
plt.show()
```

预测结果如图 4.11 所示。

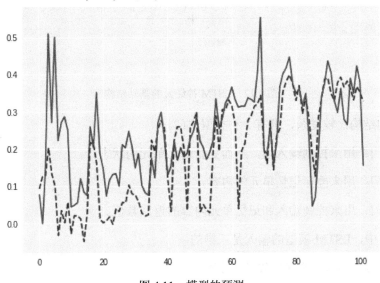

图 4.11　模型的预测

你已经使用 RNN 解决了一个回归问题。下面可以尝试修改参数，添加更多的层，或者改变神经元的数量，看看会发生什么。下一个练习会使用 LSTM 层来解决时间序列问题。

4.2.6　长短期记忆网络

长短期记忆（Long Short-Term Memory，LSTM）网络是旨在解决长距离依赖问题的一种 RNN，可以长期或短期地记忆数值。LSTM 与传统 RNN 的主要区别在于，LSTM 包含一个用来在内部存储记忆的单元或环路。

LSTM 是在 1997 年由霍克赖特（Hochreiter）和施密特胡伯（Schmidhuber）提出的。LSTM 神经元的基础结构如图 4.12 所示。

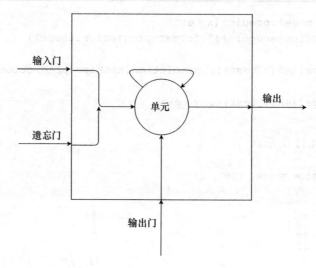

图 4.12 LSTM 神经元的基础结构

LSTM 的结构比较复杂，拥有 3 种类型的门。

- 输入门：用来控制输入值，从而更新记忆单元的状态。

- 遗忘门：用来擦除记忆单元的内容。

- 输出门：用来控制输入和记忆单元内容的返回数值。

在 Keras 中，LSTM 模型的输入是三维的。

- 样本（sample）：数据的数量（序列的数量）。

- 时间步（time step）：神经网络的记忆。换句话说，时间步存储之前的信息，以便更好地进行预测。

- 特征（feature）：每个时间步中的特征数量。例如，在图像处理中，特征就是像素的数量。

> 这种复杂的设计衍生出了其他类型的神经网络，即循环门单元（Gated Recurrent Unit，GRU），它也能够解决梯度消失的问题。

4.2.7 练习 15：预测数学函数的下一个解

本练习会构建一个 LSTM 来预测正弦函数的值，并介绍如何在 Keras 中使用 LSTM 模型来训练模型和进行预测。此外，本练习会介绍如何生成数据，以及如何将数据拆分为训练样本和测试样本。

1. 在 Keras 库中，可以使用 Sequential 类来创建一个 RNN，并且可以通过创建 LSTM 来添加新的循环神经元。下面导入用于创建 LSTM 模型的 Keras 库、用来准备数据的 Numpy 库，以及用来绘图的 Matplotlib 库：

```
import tensorflow as tf
from keras.models import Sequential
from keras.layers import LSTM, Dense
import numpy as np
import matplotlib.pyplot as plt
```

2. 创建用来进行模型训练和评估的数据集。下面生成一个包含 1000 个值的数组，作为正弦函数的结果：

```
serie = 1000
x_aux = [] #小于 serie 的自然数
x_aux = np.arange(serie)
serie = (np.sin(2 * np.pi * 4 * x_aux / serie) + 1) / 2
```

3. 绘制数据，以检查数据是否正确：

```
plt.plot(x_aux, serie)
plt.show()
```

输出结果如图 4.13 所示。

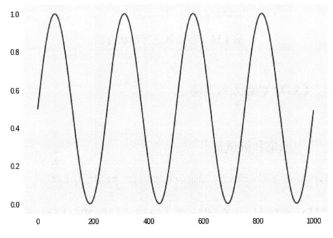

图 4.13 绘制数据的输出结果

4. 如前所述，RNN 处理的是数据序列，所以需要将数据拆分为一个个序列。在本例中，序列的最大长度是 5。这样的拆分是必要的，因为 RNN 需要以序列作为输入。

这会是一个**多对一**的模型，因为输入是一个序列，输出则是单独的一个值。为了理解为什么需要使用多对一的结构来创建 RNN，下面查看输入和输出数据的维度：

```
#准备输入数据

maxlen = 5
seq = []
res = []
for i in range(0, len(serie) - maxlen):
    seq.append(serie[i:maxlen+i])
    res.append(serie[maxlen+i])
print(seq[:5])
print(res[:5])
```

5. 为 LSTM 模型准备数据。注意 x 和 y 变量的形状。RNN 需要一个三维张量作为输入，二维张量作为输出。因此，需要进行以下的形状变换：

```
x = np.array(seq)
y = np.array(res)
x = x.reshape(x.shape[0], x.shape[1], 1)
y = y.reshape(y.shape[0], 1)
print('Shape of x {}'.format(x.shape))
print('Shape of y {}'.format(y.shape))
```

结果如图 4.14 所示。

```
Shape of x (995, 5, 1)
Shape of y (995, 1)
```

图 4.14   对变量进行形状变换

 LSTM 的输入维度为 3。

6. 将数据拆分为训练集和测试集：

```
from sklearn.model_selection import train_test_split

x_train, x_test, y_train, y_test = train_test_split(x, y, test_size=0.2,
shuffle=False)
print('Shape of x_train {}'.format(x_train.shape))
```

```
print('Shape of y_train {}'.format(y_train.shape))
print('Shape of x_test {}'.format(x_test.shape))
print('Shape of y_test {}'.format(y_test.shape))
```

结果如图 4.15 所示。

```
Shape of x_train (796, 5, 1)
Shape of y_train (796, 1)
Shape of x_test (199, 5, 1)
Shape of y_test (199, 1)
```

图 4.15　将数据拆分为训练和测试集

7．使用一个 LSTM 单元和一个包含单个神经元和线性激活函数的全连接层，构建一个简单的模型。全连接层只是一个普通的神经元层，从前一层接收输入，为很多神经元生成输出。这里的全连接层只包含一个神经元，因为需要输出的是一个标量：

```
tf.set_random_seed(1)
model = Sequential()
model.add(LSTM(1, input_shape=(maxlen, 1)))
model.add(Dense(1, activation='linear'))
model.compile(loss='mse', optimizer='rmsprop')
```

8．将周期设置为 5（一个周期是指神经网络完整地处理一次数据集），批量大小设置为 32，训练模型，并进行模型评估：

```
history = model.fit(x_train, y_train, batch_size=32, epochs=5, verbose=2)
error = model.evaluate(x_test, y_test)
print('MSE: {:.5f}'.format(error))
```

结果如图 4.16 所示。

```
Epoch 1/5
 - 1s - loss: 0.4022
Epoch 2/5
 - 0s - loss: 0.3674
Epoch 3/5
 - 0s - loss: 0.3383
Epoch 4/5
 - 0s - loss: 0.3115
Epoch 5/5
 - 0s - loss: 0.2868
199/199 [==============================] - 0s 579us/step
MSE: 0.21822
```

图 4.16　使用 32 作为批量大小训练 5 个周期

9．绘制测试集的预测结果，检查模型性能：

```
prediction = model.predict(x_test)
print('Prediction shape: {}'.format(prediction.shape))
plt.plot(range(len(x_test)), prediction.reshape(prediction.shape[0]),
```

```
'--r')
plt.plot(range(len(y_test)), y_test)
plt.show()
```

预测结果如图 4.17 所示。

预测结果的形状：(199, 1)

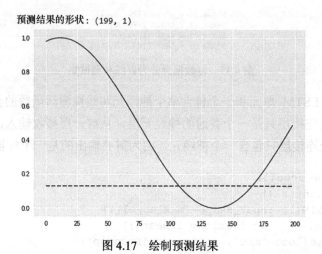

图 4.17　绘制预测结果

10．对该模型进行优化。创建一个新模型，其中包含一个拥有 4 个单元的 LSTM 层，以及一个拥有 1 个神经元，但使用 sigmoid 激活函数的全连接层：

```
model2 = Sequential()
model2.add(LSTM(4,input_shape=(maxlen,1)))
model2.add(Dense(1, activation='sigmoid'))
model2.compile(loss='mse', optimizer='rmsprop')
```

11．将周期设置为 25，批量大小设置为 8，训练模型，并进行模型评估：

```
history = model2.fit(x_train, y_train,
                     batch_size=8,
                     epochs=25,
                     verbose=1)
error = model2.evaluate(x_test, y_test)
print('MSE: {:.5f}'.format(error))
```

结果如图 4.18 所示。

12．绘制模型的预测结果：

```
predict_2 = model2.predict(x_test)
predict_2 = predict_2.reshape(predict_2.shape[0])
print(x_test.shape)
```

```
plt.plot(range(len(x_test)),predict_2, '--r')
plt.plot(range(len(y_test)), y_test)
plt.show()
```

```
Epoch 3/25
796/796 [==============================] - 0s 510us/step - loss: 0.0336
Epoch 4/25
796/796 [==============================] - 0s 505us/step - loss: 0.0129
Epoch 5/25
796/796 [==============================] - 0s 498us/step - loss: 0.0078
Epoch 6/25
796/796 [==============================] - 0s 463us/step - loss: 0.0067
Epoch 7/25
796/796 [==============================] - 0s 479us/step - loss: 0.0060
Epoch 8/25
796/796 [==============================] - 0s 477us/step - loss: 0.0054
Epoch 9/25
796/796 [==============================] - 0s 450us/step - loss: 0.0050
Epoch 10/25
796/796 [==============================] - 0s 450us/step - loss: 0.0046
Epoch 11/25
796/796 [==============================] - 0s 424us/step - loss: 0.0043
Epoch 12/25
796/796 [==============================] - 0s 401us/step - loss: 0.0040
Epoch 13/25
796/796 [==============================] - 0s 388us/step - loss: 0.0038
Epoch 14/25
796/796 [==============================] - 0s 386us/step - loss: 0.0035
Epoch 15/25
796/796 [==============================] - 0s 413us/step - loss: 0.0033
Epoch 16/25
796/796 [==============================] - 0s 388us/step - loss: 0.0031
Epoch 17/25
796/796 [==============================] - 0s 444us/step - loss: 0.0028
Epoch 18/25
796/796 [==============================] - 0s 459us/step - loss: 0.0026
Epoch 19/25
796/796 [==============================] - 0s 476us/step - loss: 0.0024
Epoch 20/25
796/796 [==============================] - 0s 429us/step - loss: 0.0022
Epoch 21/25
796/796 [==============================] - 0s 433us/step - loss: 0.0020
Epoch 22/25
796/796 [==============================] - 0s 428us/step - loss: 0.0018
Epoch 23/25
796/796 [==============================] - 0s 434us/step - loss: 0.0016
Epoch 24/25
796/796 [==============================] - 0s 445us/step - loss: 0.0014
Epoch 25/25
796/796 [==============================] - 0s 467us/step - loss: 0.0012
199/199 [==============================] - 0s 1ms/step
MSE: 0.00123
```

图 4.18　使用 8 作为批量大小训练 25 个周期

　　神经网络的预测结果如图 4.19 所示。将两个模型的绘制结果进行对比，可以看到第二个模型更好。本练习介绍了 LSTM 的基础、如何训练模型并进行模型评估，以及如何判断模型的好坏。

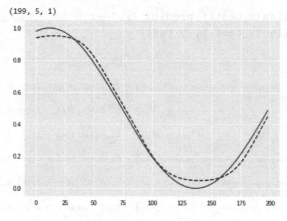

图 4.19　神经网络的预测结果

4.3　神经语言模型

第 3 章介绍了统计学语言模型（LM），即词语序列的概率分布。LM 可以用来预测句子中的下一个词语，或者计算下一个词语的概率分布，公式如图 4.20 所示。

$$P(x_{t+1}) = (w_j \mid x_t, \dots, x_1)$$

图 4.20　计算下一个词语的概率分布的 LM 公式

其中，词语序列是 x_1，$x_2 \cdots$，下一个词语是 x_{t+1}，w_j 是词汇中的一个词语。V 是词汇，j 是词汇中一个词语的位置。w_j 是 V 中位置为 j 的词语。

LM 在人们的日常生活中随处可见。手机上的输入法使用这种技术来预测句子中的下一个词语，Google 这样的搜索引擎用它来预测用户想要搜索的内容。

第 3 章介绍了 N 元模型、二元模型，以及语料库中的词语计数，但这些解决方法有一定的局限性，例如长距离依赖问题。深度 NLP 和神经 LM 将有助于突破这些局限性。

4.3.1　神经语言模型简介

神经 LM 和统计学 LM 遵循同样的结构，旨在预测句子中的下一个词语，但预测方式有所不同。神经 LM 是由 RNN 推动的，因为它使用序列作为输入。

"练习 15"基于由 5 个之前步骤构成的序列，预测正弦函数中的下一个结果。对神经 LM 来说，输入数据不是正弦函数结果的序列，而是词语序列，模型会预测下一个词语。

神经 LM 的出现是出于改进统计学方法的必要。比较新的模型可以克服传统 LM 的某些局限性和问题。

4.3.1.1 统计学 LM 的问题

上一章介绍了 LM，也介绍了 N 元、二元以及马尔可夫模型的概念。这些方法都是通过在文本中统计出现频率来执行的，因此称为统计学 LM。

LM 的主要问题是数据的局限性。如果数据中不存在希望计算的句子的概率分布，该怎么办呢？一种解决方法是使用平滑方法，但这还不够。

另一种解决方法是通过马尔可夫假设（对链式法则进行简化，使得每个概率值只取决于前一步）来简化句子，但这样不会得到很好的预测结果。也就是说，可以使用三元来简化模型。

该问题的一种解决方法是增加语料库的大小，但这样会需要非常大的语料库。N 元模型的这些限制称为**稀疏性问题**（sparsity problem）。

4.3.1.2 基于窗口的神经模型

新模型的第一种近似是，使用一个滑动窗口来计算下一个词语的概率。这个解决方法源自窗口分类。

对词语来说，不通过上下文是很难理解单个词语的含义的。如果词语不是在一个句子或者段落中，就会导致很多问题，例如相似词语之间的歧义，或者反义同词（auto-antonym）。反义同词是指具有多种含义的词，例如 handicap 这个词，根据上下文的不同，其含义可以是一种优势（例如在体育中），或者一种劣势（身体问题，有时有冒犯意味）。

窗口分类使用一个词的（由窗口创建的）上下文，即附近的词，来对该词进行分类。可以使用滑动窗口的方法来生成一个 LM。图 4.21 所示为一个基于窗口的神经 LM。

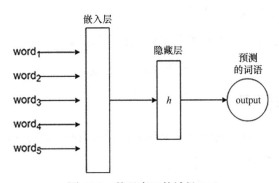

图 4.21　基于窗口的神经 LM

图 4.21 中演示了基于窗口的神经 LM 的工作原理，其窗口大小为 5 (word$_1$ 到 word$_5$)。模型将每个词的嵌入向量拼接在一起，创建了一个新向量，然后在隐藏层中进行图 4.22 所示的计算。

$$h = f(\text{Weights}_{\text{embedding}} + \text{bias}_1)$$

图 4.22　隐藏层公式

最后，模型返回一个可以用来进行词语概率分类的数值，以便预测一个词语，如图 4.23 所示。

$$\text{output} = \text{softmax}(Uh + \text{bias}_2)$$

图 4.23　softmax 函数

数值最高的词语就是预测的词语。

> 这里不对这些术语进行展开讨论了，因为后面会使用 LSTM 来创建 LM。

相比传统方法，这种方法的好处如下。

- 计算量更小。基于窗口的神经 LM 需要的计算资源更少，因为不需要通过遍历语料库来计算概率。
- 避免了改变 N 元的维度来找到好的概率分布的问题。
- 生成的文本含义更为合理，因为这种方法解决了稀疏性问题。

然而，这种方法也存在以下问题。

- 窗口大小有限制。窗口不能太大，否则某些词语的含义可能是错误的。
- 每个窗口有自己的权值，可能会导致歧义。
- 如果增加窗口大小，那么模型的复杂度也会增加。

使用窗口模型来分析问题，可以改善 RNN 的性能。

4.3.2　RNN 语言模型

RNN 可以计算一个词语序列中下一个词语出现的概率，该方法的核心思想是，在训练过程中重复应用同样的权重。

相比基于窗口的神经 LM，使用 RNN LM 有以下好处。

- 和基于窗口的神经 LM 不同，这种架构可以处理任何长度的句子，没有固定大小的限制。

- 对任何输入大小来说，模型都是相同的，不会随着输入的增大而增大。

- 根据神经网络架构的不同，既可以使用前面步骤的信息，也可以使用后面步骤的信息。

- 不同时间步中的权重都是相同的。

目前为止，本节讨论了改进统计学 LM 的不同方式，以及它们各自的优缺点。在创建 RNN LM 之前，需要知道如何将一个句子用作神经网络的输入。

独热编码

神经网络和机器学习都是对数字进行操作。正如在本书中看到的，输入元素是数字，输出的是编码后的标签。然而，如果一个神经网络的输入是一个句子或者一组字符，那么如何将输入变换为数值呢？

独热编码是离散变量的一种数值表示，它假定在一组离散变量集合中，不同的数值具有同样大小的特征向量。也就是说，如果有一个大小为 10 的语料库，那么每个词语都会被编码为一个长度为 10 的向量，每个维度对应集合中的一个独特元素。

图 4.24 所示为独热编码的工作原理。理解每个向量的形状是一件很重要的事情，因为神经网络需要知道输入数据是什么样的，希望获得的输出又是什么样的。接下来的"练习 16"会更详细地介绍独热编码的基本原理。

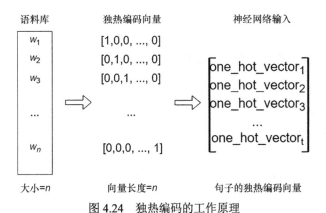

图 4.24 独热编码的工作原理

4.3.3 练习 16：对一个小语料库进行编码

本练习会介绍如何使用独热编码对一组词语进行编码。这是最基本的编码方法，可以提供离散变量的一种表示。

本练习会介绍执行这个任务的不同方式。一种方式是人工执行编码，另一种方式是使用库。练习完成之后，会得到每个词语的向量表示，可以用作神经网络的输入。

1. 创建一个语料库。该语料库和第 3 章 "自然语言处理基础" 中用到的语料库相同：

```
corpus = [
    'My cat is white',
    'I am the major of this city',
    'I love eating toasted cheese',
    'The lazy cat is sleeping',
]
```

2. 使用 spaCy 进行词例化。这里不会使用停用词方法（清除没有用的词，例如冠词），因为语料库很小，需要使用全部词例：

```
import spacy
import en_core_web_sm
nlp = en_core_web_sm.load()

corpus_tokens = []
for c in corpus:
    doc = nlp(c)
    tokens = []
    for t in doc:
        tokens.append(t.text)
    corpus_tokens.append(tokens)
corpus_tokens
```

3. 创建一个列表，其中包含语料库中所有独特的词例：

```
processed_corpus = [t for sentence in corpus_tokens for t in sentence]
processed_corpus = set(processed_corpus)
processed_corpus
```

列表如图 4.25 所示。

```
[['My', 'cat', 'is', 'white'],
 ['I', 'am', 'the', 'major', 'of', 'this', 'city'],
 ['I', 'love', 'eating', 'toasted', 'cheese'],
 ['The', 'lazy', 'cat', 'is', 'sleeping']]
```

图 4.25　包含语料库中所有独特词例的列表

4. 创建一个字典，以语料库中的每个词语作为键，以一个独特的数字作为值。字典看起来会像是{word:value}，并且相应独热编码向量中 value 对应的索引会是 1：

```
word2int = dict([(tok, pos) for pos, tok in enumerate(processed_corpus)])
```

```
word2int
```

字典如图 4.26 所示。

```
{'I',
 'My',
 'The',
 'am',
 'cat',
 'cheese',
 'city',
 'eating',
 'is',
 'lazy',
 'love',
 'major',
 'of',
 'sleeping',
 'the',
 'this',
 'toasted',
 'white'}
```

图 4.26   创建字典

5. 对一个句子进行编码，这种编码方式是手动的。sklearn 之类的库也提供了一些自动编码的方法：

```
Import numpy as np
sentence = 'My cat is lazy'
tokenized_sentence = sentence.split()
encoded_sentence = np.zeros([len(tokenized_sentence),len(processed_
corpus)])
encoded_sentence
for i,c in enumerate(sentence.split()):
    encoded_sentence[i][ word2int[c] ] = 1
encoded_sentence
```

结果如图 4.27 所示。

```
print("Shape of the encoded sentence:", encoded_sentence.shape)
```

```
array([[0., 0., 0., 0., 0., 0., 0., 0., 0., 0., 0., 0., 0., 0., 0., 0.,
        1., 0.],
       [0., 0., 0., 0., 0., 0., 0., 1., 0., 0., 0., 0., 0., 0., 0.,
        0., 0.],
       [0., 0., 0., 0., 0., 0., 1., 0., 0., 0., 0., 0., 0., 0., 0.,
        0., 0.],
       [0., 1., 0., 0., 0., 0., 0., 0., 0., 0., 0., 0., 0., 0., 0.,
        0., 0.]])
```

图 4.27   手动的独热编码向量

6．导入 sklearn 方法。sklearn 首先使用 LabelEncoder 对语料库中的每个独特词例进行编码，然后使用 OneHotEncoder 来创建向量：

```
from sklearn.preprocessing import LabelEncoder
from sklearn.preprocessing import OneHotEncoder
Declare the LabelEncoder() class.
le = LabelEncoder()
Encode the corpus with this class.
labeled_corpus = le.fit_transform(list(processed_corpus))
labeled_corpus
```

结果如图 4.28 所示。

```
array([10,  9,  5, 13,  0, 14,  6,  7, 16, 15, 11,  2, 12,  1,  8,  3, 17,
        4])
```

图 4.28　使用 OneHotEncoder 创建的向量

7．对前面编码过的同一个句子应用创建好的 LabelEncoder 变换方法：

```
sentence = 'My cat is lazy'
tokenized_sentence = sentence.split()
integer_encoded = le.transform(tokenized_sentence)
integer_encoded
```

结果如图 4.29 所示。

```
array([1, 4, 8, 9])
```

图 4.29　应用 LabelEncoder 变换方法

8．使用 LabelEncoder 的解码方法可以还原句子：

```
le.inverse_transform(integer_encoded)
```

结果如图 4.30 所示。

```
array(['My', 'cat', 'is', 'lazy'], dtype='<U8')
```

图 4.30　使用 LabelEncoder 的解码方法

9．令参数 sparse=False 创建 OneHotEncoder（如果不指定该参数，会返回一个稀疏矩阵）：

```
onehot_encoder = OneHotEncoder(sparse=False)
```

10．为了对使用 Label Encoder 处理过的句子进行编码，需要对经过标记的语料库进行形状变换，从而让它符合 onehot_encoder 方法：

```
labeled_corpus = labeled_corpus.reshape(len(labeled_corpus), 1)
```

```
onehot_encoded = onehot_encoder.fit(labeled_corpus)
```

11．可以将（使用 LabelEncoder 编码的）句子变换为一个独热向量。这样编码得到的结果和手动编码得到的结果不同，但它们的形状是相同的：

```
sentence_encoded = onehot_encoded.transform(integer_encoded.
reshape(len(integer_encoded), 1))
print(sentence_encoded)
```

结果如图 4.31 所示。

```
[[0. 1. 0. 0. 0. 0. 0. 0. 0. 0. 0. 0. 0. 0. 0. 0. 0.]
 [0. 0. 0. 1. 0. 0. 0. 0. 0. 0. 0. 0. 0. 0. 0. 0. 0.]
 [0. 0. 0. 0. 0. 0. 1. 0. 0. 0. 0. 0. 0. 0. 0. 0. 0.]
 [0. 0. 0. 0. 0. 0. 0. 0. 1. 0. 0. 0. 0. 0. 0. 0. 0.]]
```

图 4.31　使用 sklearn 方法编码的独热向量

 本练习十分重要。如果不理解这些矩阵的形状，就很难理解 RNN 的输入。

至此，你已经完成了练习 16，学会了如何将离散变量编码为向量。这是数据预处理的一部分，经过预处理的数据会用来训练和评估神经网络。下面会完成一些项目，其目标是使用 RNN 和独热编码来创建一个 LM。

 独热编码不是很适用于较大的语料库，因为这样会为词语创建出非常大的向量。常见的做法是使用词向量，本章后面会介绍这个概念。

4.3.4　RNN 的输入维度

在开始 RNN 项目之前，需要先理解输入维度。本小节会介绍 n 维数组的形状，以及如何新建或者删除一个维度。

4.3.4.1　序列数据格式

前面提到过多对一的架构，其中的每个样本由一个固定长度的序列和一个标签构成。标签对应的是序列的下一个值，如图 4.32 所示。

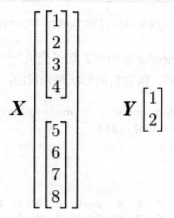

图 4.32　序列数据的格式

在图 4.32 中，矩阵 X 中有两个序列，Y 中有两个输出标签。因此，X 的形状表示为(2, 4)，Y 的形状表示为(2)。

然而，该数据无法直接用作 RNN 的输入，因为维度不正确。

4.3.4.2　RNN 数据格式

为了在 Keras 中使用时间序列实现 RNN，模型需要一个三维张量作为输入，以及一个二维张量作为输出。

对于矩阵 X，需要的维度如下：

- 样本数量；

- 序列长度；

- 值长度。

RNN 数据格式如图 4.33 所示。

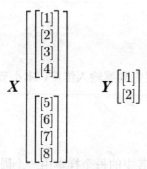

图 4.33　RNN 数据格式

X 的形状表示为(2, 4, 1)，***Y*** 的形状表示为(2, 1)。

4.3.4.3 独热格式

使用独热编码，输入的维度不变，但值的长度会有变化。在图 4.33 中，可以看到([1],
[2], ...)中的值是一维的，但在使用独热编码时，这些值会变为向量，如图 4.34 所示的
形状。

$$
\boldsymbol{X}\begin{bmatrix} \begin{bmatrix} 1,0,0 \\ 0,1,0 \\ 0,1,0 \\ 1,0,0 \end{bmatrix} \\ \\ \begin{bmatrix} 0,0,1 \\ 1,0,0 \\ 0,1,0 \\ 1,0,0 \end{bmatrix} \end{bmatrix} \qquad \boldsymbol{Y}\begin{bmatrix} 1,0,0 \\ 0,0,1 \end{bmatrix}
$$

图 4.34　独热格式

X 的形状表示为(2, 4, 3)，***Y*** 的形状表示为(2, 3)。

NumPy 库中的 reshape 方法用来执行这些改变维度的操作。

> 对维度有了上面的理解之后，就可以开始下面的项目
> 了。记住，LSTM 的输入维度为 3，输出维度为 2。如
> 果创建了两个连续的 LSTM 层，那么如何为第一个
> LSTM 层的输出增加第 3 个维度呢？可以将 return state
> 设置为 True。

4.3.5　项目 4：预测字符序列中的下一个字符

本项目会预测一个长序列中的下一个字符。在本项目中，需要使用独热编码来创建输
入和输出向量。模型会使用 LSTM 架构，正如"练习 14"一样。

试想一下，你在一家全球性企业中担任安全经理。一天早上，你注意到黑客破解并修
改了公司数据库的所有密码。你和工程师团队开始尝试破解黑客的密码，从而进入系统修

复问题。在分析了所有新密码之后，你发现了一个共同结构。

此时，你只需要再破解出密码中的一个字符就可以了，但你不知道这个字符是什么，并且只有一次机会来输入正确的密码。

于是你决定编写一个程序来分析数据序列以及你已经破解出来的 5 个密码字符。利用这些信息，该程序就可以预测密码的最后一个字符。

密码的前 5 个字符是：t、y、u、i、o。最后一个字符会是什么呢？

你需要使用独热编码和 LSTM 来解决这个问题，在这个过程中需要使用独热编码向量来训练模型。

1. 数据序列如下：

qwertyuiopasdfghjklñzxcvbnm

这个序列重复了 100 次，所以应该是：'qwertyuiopasdfghjklñzxcvbnm' * 100。

2. 将数据划分为由 5 个字符组成的序列，并准备输出数据。

3. 将输入和输出序列编码为独热编码向量。

4. 准备训练数据和测试数据。

5. 设计模型。

输出包含很多 0，所以很难获得准确的结果。可以使用 LeakyRelu 激活函数，将 alpha 设置为 0.01，并在预测时对向量的数值进行舍入。

6. 训练和评估模型。

7. 创建一个函数，该函数应该在给定 5 个字符时预测下一个字符，从而用来找到密码的下一个字符。

该项目的答案位于附录中。

4.4 小结

得益于卷积神经网络，AI 和深度学习在图像处理和人工视觉方面取得了很大的进展。不过，RNN 也同样非常强大。

本章介绍了如何利用时间序列，借助神经网络来预测正弦函数的数值。如果改变训练数据，那么同样的架构也可以用来预测股市走向。此外，RNN 还有很多种架构，每种架构对某种特定任务都进行了最优化。然而，RNN 具有梯度消失的问题，该问题的一个解决方法是使用一种称为 LSTM 的新模型。这种模型改变了神经元的结构，使其可以记忆时间步。

统计学 LM 专注于语言学，在计算负载和概率分布上存在很多问题。为了解决稀疏性问题，N 元模型被降低到四元或者三元，但这样一来，为了预测下一个词语所需要的之前步骤的数量就不够了。使用这种方法还是会遇到稀疏性问题。使用固定窗口大小的神经 LM 可以避免稀疏性问题，但还是存在一些问题，包括窗口大小的限制，以及权重的问题。使用 RNN 可以避免这些问题，根据架构的不同，使用之前和使用之后的很多时间步可以获得更好的结果。不过，深度学习是对向量和数字进行操作的，如果希望预测词语，那么就需要对数据进行编码，并训练模型。可以使用许多不同的方法，例如独热编码或者 Label Encoder。这样一来，就可以通过一个训练过的语料库和一个 RNN 来生成文本了。

下一章会介绍卷积神经网络（Convolutional Neural Network，CNN），涵盖 CNN 的基础技术和架构，以及更复杂的实现，例如迁移学习。

第 5 章
计算机视觉中的卷积神经网络

学习目标

阅读完本章之后，你将能够：

- 解释卷积神经网络的工作原理；

- 构建卷积神经网络；

- 利用数据增强来改进模型；

- 通过迁移学习使用最先进的模型。

5.1　简介

上一章介绍了如何训练神经网络来预测数值，也介绍了具有特定架构的循环神经网络（RNN）在各种场景下的应用。本章会探讨卷积神经网络（CNN）是如何按照和全连接神经网络相似的原理进行工作的。

CNN 中包含一些神经元，这些神经元的权重和偏置会在训练期间更新。CNN 主要用于进行图像处理，图像会被解释为一些像素，而 CNN 会输出它认为图像最可能属于的类别，并且会利用损失函数计算每个输出结果对应的误差。

通过假定神经网络输入的是一个图像，或者近似一个图像，CNN 会具有更高的效率，远比深度神经网络更快、更好。下面几节会更详细地介绍 CNN。

5.2 CNN 基础

本节介绍 CNN 的工作原理，并解释图像卷积操作的过程。

图像是由像素构成的，例如，一个 RGB 图像具有 3 个通道，每种颜色（红、绿、蓝）分别为一个通道，每个通道中包含同样大小的一组像素。全连接神经网络不会表示出通道的这层结构，而是会使用一个维度来表示，这是不够的。此外，在全连接神经网络中，每一层中的每个神经元都会连接到下一层中的所有神经元，从而造成性能较差，即训练花费的时间会更长，同时结果也不会很好。

CNN 是一种对图像分类和图像识别之类的任务非常有效的神经网络，并且在音频和文本数据上的效果也很不错。和普通的神经网络一样，CNN 由一个输入层、一些隐藏层和一个输出层构成。输入层和隐藏层通常包括**卷积层**（convolutional layer）、**池化层**（pooling layer，用来减小输入在空间上的大小）和**全连接层**（在第 2 章中已经介绍了）。卷积层和池化层会在本章稍后部分介绍。

CNN 中每一层的深度会逐渐增加，从图像的原始深度开始，一直到隐藏层中更大的深度。图 5.1 所示为 CNN 的工作原理以及一个 CNN 示例。

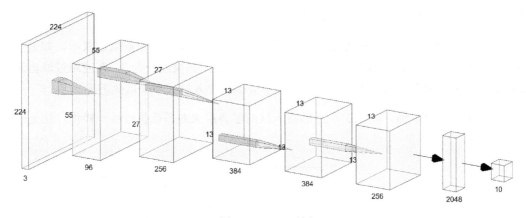

图 5.1 CNN 示例

在图 5.1 中，CNN 接收一个大小为 224×224×3 的图像，通过卷积操作，压缩图像的长和宽并增加其深度（后面会解释该过程的原理），然后传递给下一层。该操作不断重复，直到最后对图形化表示进行扁平化处理，然后通过全连接层将其转换为数据集中的对应类别并作为输出。

卷积层：卷积层中包括一系列大小固定的**过滤器**（通常比较小），即拥有特定数值/权重的矩阵。这些过滤器会被应用于输入（例如一个图像），计算过滤器和输入之间的点积，这个过程即称为卷积。每个过滤器会产生一个二维的激活图（activation map），这些激活图会沿着输入的深度方向堆叠。激活图会在输入中寻找特征，从而决定神经网络学习的质量。应用的过滤器越多，该层就越深，神经网络学到的东西也就越多，但训练时间也会越长。例如，对于一个给定图像，可能会在第一层使用 3 个过滤器，第二层使用 96 个过滤器，第三层使用 256 个过滤器，等等。请注意，神经网络靠前各层的过滤器数量通常少于中间或靠后各层的过滤器数量，这是因为神经网络的中后部分拥有更多可以提取的潜在特征，所以需要更多较小的过滤器。对于神经网络中越深的层，就越需要挖掘图像中的细节，所以希望从这些细节中提取更多特征，以便更好地理解图像。

过滤器的大小通常在 2×2 到 7×7 之间，在神经网络靠前的各层会大一些，靠后的各层会小一些。

在图 5.1 中，可以看到通过过滤器进行了卷积操作，输出的是一个数值，会传递给下一个步骤/层。

卷积操作执行完成之后，在执行下一个卷积操作之前，通常会应用一个最大值池化层，从而减小输入的大小，以便神经网络对图像有更深的理解。不过，近年来的一个趋势是避免使用最大值池化层，改为使用步长。步长是在执行卷积操作时应用的，这样就可以在应用卷积操作的同时自然减小图像大小了。

步长：步长是指向完整图像应用过滤器时每一步的长度，用像素数量表示。如果步长为 1，在应用过滤器时就会每次移动一个像素。类似地，如果步长为 2，在应用过滤器时就会每次移动两个像素，这样得到的输出的大小会小于输入的大小，以此类推。

下面来看一个示例。图 5.2 所示的卷积过滤器会用来对图像执行卷积操作，这是一个 2×2 的矩阵。

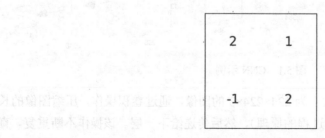

图 5.2　卷积过滤器

图 5.3 所示的图像（矩阵）是卷积操作的对象。

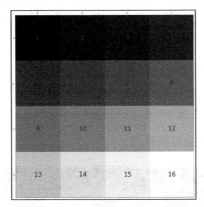

图 5.3　用来执行卷积操作的图像

　　当然了，这不是一个真正的图像。为了简单起见，这里采用一个 4×4 大小的随机数值矩阵来演示卷积操作的工作原理。

　　图 5.4 所示为步长为 1 时的卷积操作。

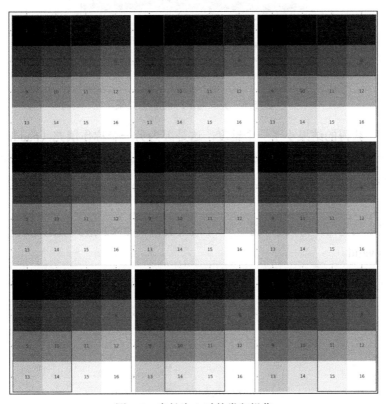

图 5.4　步长为 1 时的卷积操作

在图 5.4 中，2×2 的过滤器被逐个像素地应用于输入图像，执行顺序是从左到右、自上而下。

过滤器会将自身矩阵中每个位置的数值与所应用的区域（矩阵）中相应位置的数值相乘。例如，在卷积操作的第一步，过滤器应用在图像的第一个 2×2 部分[1 2;5 6]，而过滤器是[2 1 ;−1 2]，所以计算的结果是 1×2+2×1+5×(−1)+6×2=11。

图 5.5 所示为步长为 1 时的卷积结果。

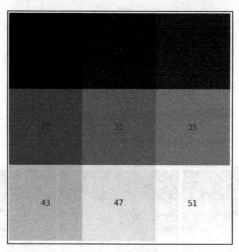

图 5.5　步长为 1 时的卷积结果

可以看到，获得的结果小了一个维度，这是因为另一个称作**填充**（padding）的参数默认设置为了 valid。也就是说，卷积操作会正常应用，自然将图像缩小一个像素。如果将填充设置为 same，图像四周就会围上一行取值为 0 的像素，这样输出矩阵的大小就会和输入矩阵相同。

下面设置步长为 2，将大小减小一半（效果类似于 2×2 最大值池化层）。记住，需要将填充设置为 valid。

这样进行的卷积操作步骤更少，步长为 2 时的卷积操作如图 5.6 所示。

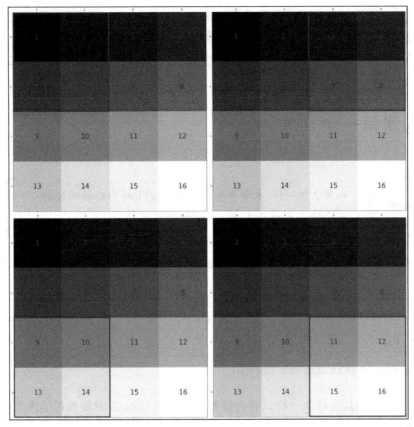

图 5.6 步长为 2 时的卷积操作

图 5.7 所示为步长为 2 时的卷积结果。

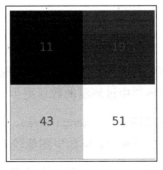

图 5.7 步长为 2 时的卷积结果

获得的会是一个 2 像素×2 像素的图像,这是步长为 2 时执行卷积操作的自然结果。

每个卷积层都会应用这样的过滤器,神经网络会对这些过滤器的权重进行调整,从而让过滤器的输出帮助神经网络学习有价值的特征。如前所述,这些权重会在反向传播的过程中得到更新。这里提醒一下,反向传播过程会计算每个训练步骤中神经网络的预测相对于期望结果的损失(即误差大小),更新神经网络中对误差有所贡献的全部神经元的权重,从而让它们不再犯同样的错误。

5.3 构建第一个 CNN

> 和第 2 章一样,本章会使用以 TensorFlow 为后端的 Keras,也会使用 Google Colab 来训练神经网络。

Keras 是一个用来实现卷积层的很好的库,因为它提供了抽象,让用户可以不必手动实现这些层。

第 2 章中使用 keras.layers 软件包导入了 Dense、Dropout 和 BatchNormalization 层。下面使用该软件包导入二维卷积层:

```
from keras.layers import Conv2D
```

Conv2D 模块和其他模块一样,首先需要声明一个在第 2 章提到过的序列模型,然后添加 Conv2D:

```
model = Sequential()
model.add(Conv2D(32, kernel_size=(3, 3), padding='same', strides=(2,2),
input_shape=input_shape))
```

需要为第一层指定输入形状,之后各层就不需要了。

第一个需要指定的参数是该层中的**过滤器数量**(number of filters)。如前所述,相比于神经网络中靠后的各层,靠前的各层中过滤器的数量更少。

第二个需要指定的参数是**卷积核大小**(kernel size),即对输入数据应用的过滤器的大小。通常使用 3×3 或者 2×2 大小的卷积核,但如果图像较大,有时也会使用更大的卷积核。

第三个参数是**填充**(padding),默认为 valid。这里需要设置为 same,因为希望保留输入的大小,从而更好地理解对输入进行的下采样。

第四个参数是**步长**(strides),默认为(1,1)。这里设置为(2,2),其中的两个数字分别对

应 x 轴和 y 轴。

在第一层之后，下面会应用和第 2 章中同样的一套方法：

```
model.add(BatchNormalization())
model.add(Activation('relu'))
model.add(Dropout(0.2))
```

提醒一下，BatchNormalization 层用来对每层的输入进行归一化，帮助神经网络更快收敛，可能还会得到更好的总体结果。

Activation 层用来应用激活函数。**activation** 函数接收输入并计算加权和、添加偏置，然后决定是否激活（激活则输出 1，否则输出 0）。

Dropout 层通过禁用一部分神经元，帮助神经网络避免过拟合（即训练集准确度远远高于验证集准确度的情况）。

根据问题规模的不同，还可以应用更多这样的层，也可以改变参数。

最后一层和全连接神经网络中的相同，其参数取决于具体问题。

练习 17：构建一个 CNN

> 本练习使用和第 2 章中相同的软件包和库，分别是 Keras、Numpy、OpenCV 和 Matplotlib。

本练习要解决的问题和"项目 2"中的问题相同。

记住，在该项目中构建的神经网络缺乏足够的泛化能力，无法对没有见过的数据进行正确分类。

提醒一下，这是一个分类问题，模型需要正确区分 10 种类型的衣物。

1．打开 Google Colab。

2．为本书创建一个文件夹，从配套资源的 Lesson05/Exercise17 获取 Datasets 文件夹并上传到 drive 的文件夹里。

3．导入 drive 并按照以下方式挂载：

```
from google.colab import drive
drive.mount('/content/drive')
```

每次新建 colaboratory 时，都需要将 drive 挂载到相应
文件夹。

4. 首次挂载 drive 时，需要单击 Google 提供的 URL 来获取验证码，然后输入验证码
并按 Enter 键，如图 5.8 所示。

图 5.8 挂载 drive

5. 完成了 drive 的挂载之后，需要设置文件夹路径：

```
cd /content/drive/My Drive/C13550/Lesson05/
```

根据你在 Google Drive 上的具体设定，实际路径可能
会和步骤 5 中提到的不同，但一定会以/content/drive
/My Drive 开头。

6. 从 Keras 中导入数据，将随机种子初始化为 42，以确保可重复性：

```
from keras.datasets import fashion_mnist
(x_train, y_train), (x_test, y_test) =fashion_mnist.load_data()
import random
random.seed(42)
```

7. 导入用来对数据进行预处理的 NumPy，以及 Keras 中用来对标签进行独热编码的
np_utils：

```
import numpy as np
from keras import utils as np_utils
x_train = (x_train.astype(np.float32))/255.0
x_test = (x_test.astype(np.float32))/255.0
x_train = x_train.reshape(x_train.shape[0], 28, 28, 1)
x_test = x_test.reshape(x_test.shape[0], 28, 28, 1)
y_train = np_utils.to_categorical(y_train, 10)
y_test = np_utils.to_categorical(y_test, 10)
```

```
input_shape = x_train.shape[1:]
```

8. 导入用来在 Keras 中创建序列模型的 Sequential 函数、回调函数，以及各个层：

```
from keras.models import Sequential
from keras.callbacks import EarlyStopping, ModelCheckpoint
from keras.layers import Input, Dense, Dropout, Flatten
from keras.layers import Conv2D, Activation, BatchNormalization
```

 这里导入了一个名为 EarlyStopping 的回调函数，该回调函数会在你选择的度量（例如验证集准确度）连续下降一定周期数之后终止训练，可以自行设置使用的周期数。

9. 开始构建第一个 CNN。首先使用 Sequential 函数创建模型，然后添加第一个 Conv2D 层：

```
def CNN(input_shape):
    model = Sequential()
    model.add(Conv2D(32, kernel_size=(3, 3), padding='same',
strides=(2,2), input_shape=input_shape))
```

第一层中添加了 32 个过滤器，卷积核大小为 3×3，填充设置为 same，步长设置为 2，从而将 Conv2D 模块的维度自然减少一半。

10. 在该层之后添加 Activation 层和 BatchNormalization 层：

```
    model.add(Activation('relu'))
    model.add(BatchNormalization())
```

11. 再添加 3 层，参数和上面 3 层的相同，然后添加随机失活层并连接到下一个区块：

```
    model.add(Conv2D(32, kernel_size=(3, 3), padding='same',
strides=(2,2)))
    model.add(Activation('relu'))
    model.add(BatchNormalization())
```

12. 应用 20% 的随机失活，禁用神经网络中 20% 的神经元：

```
model.add(Dropout(0.2))
```

13. 重复之前的流程，但将过滤器的数量改为 64：

```
model.add(Conv2D(64, kernel_size=(3, 3), padding='same',
strides=(2,2)))
    model.add(Activation('relu'))
    model.add(BatchNormalization())
    model.add(Conv2D(64, kernel_size=(3, 3), padding='same',
strides=(2,2)))
    model.add(Activation('relu'))
    model.add(BatchNormalization())
    model.add(Dropout(0.2))
```

14. 在网络末端添加 Flatten 层，将最后一层的输出变换为一维，然后添加具有 512 个神经元的 Dense 层，再添加 Activation 层和 BatchNormalization 层，以及一个 50% 的 Dropout 层：

```
model.add(Flatten())
model.add(Dense(512))
model.add(Activation('relu'))
model.add(BatchNormalization())
model.add(Dropout(0.5))
```

15. 添加具有 10 个神经元的 Dense 层作为最后一层，10 即是数据集中类别的数量。然后再添加 softmax 激活函数，计算图像最可能属于的类别，然后返回模型：

```
    model.add(Dense(10, activation="softmax"))
    return model
```

16. 声明模型和回调函数，然后编译模型：

```
model = CNN(input_shape)

model.compile(loss='categorical_crossentropy', optimizer='Adadelta',
metrics=['accuracy'])

ckpt = ModelCheckpoint('Models/model.h5', save_best_
only=True,monitor='val_loss', mode='min', save_weights_only=False)
earlyStopping = EarlyStopping(monitor='val_loss', patience=5,
verbose=0,mode='min')
```

编译中使用的优化器和之前相同，声明保存点（checkpoint）时使用的参数也和之前相同。在声明 EarlyStopping 时，使用验证集损失作为主要度量，并将 patience 设置为 5 个周期。

17. 开始训练：

```
model.fit(x_train, y_train, batch_size=128, epochs=100, verbose=1,
validation_data=(x_test, y_test), callbacks=[ckpt,earlyStopping])
```

将批量大小设置为 128，因为这样既保证了每个批次的图像足够多，同时训练时间也比较短。将周期数量设置为 100，因为 EarlyStopping 会负责终止训练。

获得的结果比在第 2 章的练习中获得的更好，准确度达到了约 92.72%。

 本练习的完整代码可以在 GitHub 上获取。

18. 使用"项目 2"中的同样示例。这些示例位于 Dataset/testing 文件夹中：

```
import cv2

images = ['ankle-boot.jpg', 'bag.jpg', 'trousers.jpg', 't-shirt.jpg']

for number in range(len(images)):
    imgLoaded = cv2.imread('Dataset/testing/%s'%(images[number]),0)
    img = cv2.resize(imgLoaded, (28, 28))
    img = np.invert(img)
    img = (img.astype(np.float32))/255.0
    img = img.reshape(1, 28, 28, 1)
    plt.subplot(1,5,number+1),plt.imshow(imgLoaded,'gray')
    plt.title(np.argmax(model.predict(img)[0]))
    plt.xticks([]),plt.yticks([])
plt.show()
```

输出结果如图 5.9 所示。

图 5.9 使用 CNN 进行的衣物预测

作为提醒，图 5.10 中展示了每个数字对应的衣物类型。

T恤	裤子	套衫	裙子	外套	凉鞋	衬衫	运动鞋	手提包	短靴
0	1	2	3	4	5	6	7	8	9

图 5.10　数字对应的衣物类型

可以看到，模型正确预测了所有图像的类型。该模型可以说比单纯使用全连接层构建的模型好了很多。

5.4　改进模型的方法：数据增强

有时候，可能无法通过构建一个更好的模型来提高模型的准确度，因为问题可能不在于模型，而在于数据。机器学习中需要考虑的最重要的事情之一就是一定要使用足够好的数据，让模型能够对数据进行泛化。

数据可能代表了真实的事物，但也可能是存在误导性的错误数据，例如不完整的数据、类别代表性不够强的数据等。在这些情况下，数据增强已经成为最流行的方法之一。

数据增强可以增加原始数据集中的样本数量。对计算机视觉来说，这可能意味着增加数据集中的图像数量。数据增强的技术有很多种，根据数据集的不同，可能会使用其中的某一种技术。下面列举了其中的一些技术。

- **旋转**：按照用户设定的角度，对数据集中的图像进行旋转。
- **翻转**：沿水平或垂直方向翻转图像。
- **剪裁**：从图像中随机剪裁一部分。
- **颜色变换**：改变或调整图像的颜色。
- **加噪**：向图像添加噪声。

应用上述技术或者其他数据增强技术，可以生成与原始图像不同的新图像。

为了便于在代码中实现数据增强，Keras 提供了一个名为 ImageDataGenerator 的模块，用来声明希望向数据集应用的变换。使用下面这行代码导入该模块：

```
from keras.preprocessing.image import ImageDataGenerator
```

参照下面的代码，定义一个用来对数据集应用变换的变量：

```
datagen = ImageDataGenerator(
        rotation_range=20,
        zoom_range = 0.2,
        width_shift_range=0.1,
        height_shift_range=0.1,
        horizontal_flip=True
        )
```

 关于能够向 ImageDataGenerator 传递的属性，可以参考 Keras 的官方文档。

声明了 datagen 变量之后，需要通过下面这行代码进行特征归一化的相关计算：

```
datagen.fit(x_train)
```

其中，**x_train** 是使用的训练集。

为了使用数据增强来训练模型，需要执行下面的代码：

```
model.fit_generator(datagen.flow(x_train, y_train,
                                 batch_size=batch_size),
                    epochs=epochs,
                    validation_data=(x_test, y_test),
                    callbacks=callbacks,
                    steps_per_epoch=len(x_train) // batch_size)
```

使用 datagen.flow 来应用数据增强。由于 Keras 不知道什么时候停止对给定数据应用数据增强，因此需要使用 steps_per_epoch 参数来设置这个限度，具体应该设置为数据集大小除以批量大小的结果。

下面进行本章的第二个练习，看一看数据增强的效果。使用数据增强有望得到更好的结果和更高的准确度，下面来验证一下。

5.4.1　练习 18：利用数据增强改进模型

本练习会使用 The Oxford - III Pet 数据集，其中包含不同大小的 RGB 图像，分别属于几个不同类别，每个类别对应猫或狗的不同品种。为简单起见，在本练习中将数据集划分为两个类别：猫和狗。每个类别包含 1000 个图像，这不算多，但可以突出数据增强的效果。

该数据集存放在配套资源的 Lesson05/Dataset/dogs-cats 文件夹中。

下面会构建一个 CNN，然后分别在使用和不使用数据增强的情况下进行训练，最后对比结果。

 本练习会新建一个 Google Colab Notebook。

本练习的完整代码可以在配套资源中获取。

1．打开 Google Colab。

2．为本书创建一个文件夹，从配套资源的 Lesson05 文件夹中找到 Datasets 文件夹并上传到 drive 的文件夹里。

3．导入 drive 并挂载：

```
from google.colab import drive
drive.mount('/content/drive')
```

 每次新建 colaboratory 时，都需要将 drive 挂载到相应文件夹。

4．首次挂载 drive 时，需要单击 Google 提供的 URL 来获取验证码，然后输入验证码。

5．完成了 drive 的挂载之后，需要设置文件夹路径：

```
cd /content/drive/My Drive/C13550/Lesson5/Dataset
```

 根据你在 Google Drive 上的具体设定，实际路径可能会和步骤 5 中提到的不同，但一定会以/content/drive/My Drive 开头

6．使用前面已经用过的两个方法从硬盘中加载数据：

```
import re, os, cv2
import numpy as np
rows,cols = 128,128
//{...}##完整代码可以从配套资源中获取##
def list_files(directory, ext=None):
```

```
//{…}##完整代码可以从配套资源中获取##

def load_images(path,label):
//{…}
    for fname in list_files( path, ext='jpg' ):
        img = cv2.imread(fname)
        img = cv2.resize(img, (rows, cols))
//{…}##完整代码可以从配套资源中获取##
```

 图像的大小为 128×128，比之前用过的更大，因为这里需要图像中的更多细节。本练习中的两个类别很难区分，而且图像中的狗和猫会呈现出各种姿势，使得这个任务更加困难。

7. 将狗和猫的相应图像加载为 X，相应的标签加载为 y，然后输出 X 和 y 的形状：

```
X, y = load_images('Dataset/dogs-cats/dogs',0)
X_aux, y_aux = load_images('Dataset/dogs-cats/cats',1)
X = np.concatenate((X, X_aux), axis=0)
y = np.concatenate((y, y_aux), axis=0)
print(X.shape)
print(y.shape)
```

结果如图 5.11 所示。

```
(2000, 128, 128, 3)
(2000,)
```

图 5.11　dogs-cats 数据的形状

8. 导入 random 模块，设置随机种子，然后展示一些数据示例：

```
import random
random.seed(42)
from matplotlib import pyplot as plt
for idx in range(5):
    rnd_index = random.randint(0, X.shape[0]-1)
    plt.subplot(1,5,idx+1)
    plt.imshow(cv2.cvtColor(X[rnd_index],cv2.COLOR_BGR2RGB))
    plt.xticks([]),plt.yticks([])
plt.show()
```

结果如图 5.12 所示。

图 5.12　Oxford Pet 数据集中的图像示例

9. 进行和"练习 17"中同样的流程，对数据进行预处理：

```
from keras import utils as np_utils
X = (X.astype(np.float32))/255.0
X = X.reshape(X.shape[0], rows, cols, 3)
y = np_utils.to_categorical(y, 2)
input_shape = X.shape[1:]
```

10. 将 X 和 y 划分为用作训练集的 x_train 和 y_train 以及用作测试集的 x_test 和 y_test，并输出相应的形状：

```
from sklearn.model_selection import train_test_split
x_train, x_test, y_train, y_test = train_test_split(X, y, test_size=0.2)
print(x_train.shape)
print(y_train.shape)
print(x_test.shape)
print(y_test.shape)
```

结果如图 5.13 所示。

```
(1600, 128, 128, 3)
(1600, 2)
(400, 128, 128, 3)
(400, 2)
```

图 5.13　训练集和测试集的形状

11. 导入用来进行模型的构建、编译和训练的各个组件：

```
from keras.models import Sequential
from keras.callbacks import EarlyStopping, ModelCheckpoint
from keras.layers import Input, Dense, Dropout, Flatten
from keras.layers import Conv2D, Activation, BatchNormalization
```

12. 开始构建模型：

```
def CNN(input_shape):
    model = Sequential()
```

```
    model.add(Conv2D(16, kernel_size=(5, 5), padding='same',
strides=(2,2), input_shape=input_shape))
    model.add(Activation('relu'))
    model.add(BatchNormalization())
    model.add(Conv2D(16, kernel_size=(3, 3), padding='same',
strides=(2,2)))
    model.add(Activation('relu'))
    model.add(BatchNormalization())
    model.add(Dropout(0.2))

//{…}##完整代码可以从配套资源中获取##
    model.add(Conv2D(128, kernel_size=(2, 2), padding='same',
strides=(2,2)))
    model.add(Activation('relu'))
    model.add(BatchNormalization())
    model.add(Dropout(0.2))

    model.add(Flatten())
    model.add(Dense(512))
    model.add(Activation('relu'))
    model.add(BatchNormalization())
    model.add(Dropout(0.5))

    model.add(Dense(2, activation="softmax"))

    return model
```

模型的第一层有 16 个过滤器，每两层将过滤器的数量加倍，最终的卷积层有 128 个过滤器。

由于该问题更为困难（图像大小为 128 像素×128 像素，比之前更大了，并且有 3 个通道），因此使用的模型也更深了，最初有 16 个过滤器（第一层的卷积核大小为 5×5，这个大小在第一阶段的效果更好），而模型靠后的几个卷积层则有 128 个过滤器。

13．进行模型编译：

```
model = CNN(input_shape)

model.compile(loss='categorical_crossentropy', optimizer='Adadelta',
metrics=['accuracy'])

ckpt = ModelCheckpoint('Models/model_dogs-cats.h5', save_best_
only=True,monitor='val_loss', mode='min', save_weights_only=False)
```

```
earlyStopping = EarlyStopping(monitor='val_loss', patience=15,
verbose=0,mode='min')
```

将 EarlyStopping 回调函数的 patience 设置为 15 个周期，因为模型需要更多的周期才能收敛到最佳状态，在此之前的验证集损失可能会有很大变化。

14. 进行模型训练：

```
model.fit(x_train, y_train,
          batch_size=8,
          epochs=100,
          verbose=1,
          validation_data=(x_test, y_test),
          callbacks=[ckpt,earlyStopping])
```

批量大小比较小，因为数据不是很多。不过，也可以将批量大小设置为 16。

15. 进行模型评估：

```
from sklearn import metrics
model.load_weights('Models/model_dogs-cats.h5')
y_pred = model.predict(x_test, batch_size=8, verbose=0)
y_pred = np.argmax(y_pred, axis=1)
y_test_aux = y_test.copy()
y_test_pred = list()
for i in y_test_aux:
    y_test_pred.append(np.argmax(i))

print (y_pred)
# 对预测进行评估
accuracy = metrics.accuracy_score(y_test_pred, y_pred)
precision, recall, f1, support = metrics.precision_recall_fscore_
support(y_test_pred, y_pred, average=None)
print('\nFinal results...')
print(metrics.classification_report(y_test_pred, y_pred))
print('Acc      : %.4f' % accuracy)
print('Precision: %.4f' % np.average(precision))
print('Recall   : %.4f' % np.average(recall))
print('F1       : %.4f' % np.average(f1))
print('Support  :', np.sum(support))
```

应该可以看到图 5.14 所示的输出结果。

```
Final results...
              precision   recall   f1-score   support

          0      0.67      0.70      0.68        204
          1      0.67      0.65      0.66        196

  micro avg      0.67      0.67      0.67        400
  macro avg      0.67      0.67      0.67        400
weighted avg     0.67      0.67      0.67        400

Acc       : 0.6725
Precision : 0.6725
Recall    : 0.6720
F1        : 0.6720
Support   : 400
```

图 5.14 模型准确度（1）

模型在该数据集上达到了 67.25% 的准确度。

16. 在建模过程中加入数据增强。首先需要从 Keras 中导入 ImageDataGenerator，然后根据希望进行的变换来声明变量：

```
from keras.preprocessing.image import ImageDataGenerator
datagen = ImageDataGenerator(
        rotation_range=15,
        width_shift_range=0.2,
        height_shift_range=0.2,
        horizontal_flip=True,
        zoom_range=0.3
        )
```

其中，应用的变换如下。

- 将旋转范围设置为 15，因为图像中的猫狗可能会有不同的姿势（可以尝试调节该参数）。

- 将宽度平移范围和高度平移范围设置为 0.2，从而在水平和垂直方向上对图像进行平移，因为猫狗可能在图像中的任何位置（也可以调节这两个参数）。

- 将水平翻转属性设置为 True，因为数据集中的猫狗可以进行水平翻转（如果进行了垂直翻转就不容易识别了）。

- 将缩放范围设置为 0.3，对图像应用随机缩放，因为猫狗可能在图像中更远或更近的位置。

17. 将 datagen 实例在训练数据上拟合，进行特征归一化的相关计算，然后再次声明模型并进行编译，以确保这里用的不是前一个模型：

```
datagen.fit(x_train)

model = CNN(input_shape)

model.compile(loss='categorical_crossentropy', optimizer='Adadelta',
metrics=['accuracy'])

ckpt = ModelCheckpoint('Models/model_dogs-cats.h5', save_best_
only=True,monitor='val_loss', mode='min', save_weights_only=False)
```

18. 使用模型的 **fit_generator** 方法训练模型，使用 **datagen** 实例的 **flow** 方法生成数据：

```
model.fit_generator(
        datagen.flow(x_train, y_train, batch_size=8),
        epochs=100,
        verbose=1,
        validation_data=(x_test, y_test),
        callbacks=[ckpt,earlyStopping],
        steps_per_epoch=len(x_train) // 8,
        workers=4)
```

将 steps_per_epoch 参数设置为训练集大小除以批量大小（8）得到的结果。将 workers 设置为 4，以便利用 4 核处理器。

进行模型评估：

```
from sklearn import metrics
# 进行预测
print ("Making predictions...")
model.load_weights('Models/model_dogs-cats.h5')
#y_pred = model.predict(x_test)
y_pred = model.predict(x_test, batch_size=8, verbose=0)
y_pred = np.argmax(y_pred, axis=1)
y_test_aux = y_test.copy()
y_test_pred = list()
for i in y_test_aux:
    y_test_pred.append(np.argmax(i))

print (y_pred)

#对预测进行评估
accuracy = metrics.accuracy_score(y_test_pred, y_pred)
```

```
precision, recall, f1, support = metrics.precision_recall_fscore_
support(y_test_pred, y_pred, average=None)
print('\nFinal results...')
print(metrics.classification_report(y_test_pred, y_pred))
print('Acc      : %.4f' % accuracy)
print('Precision: %.4f' % np.average(precision))
print('Recall   : %.4f' % np.average(recall))
print('F1       : %.4f' % np.average(f1))
print('Support  :', np.sum(support))
```

应该可以看到图 5.15 所示的输出结果。

```
Final results...
              precision    recall  f1-score   support

           0       0.84      0.77      0.81       204
           1       0.78      0.85      0.81       196

   micro avg       0.81      0.81      0.81       400
   macro avg       0.81      0.81      0.81       400
weighted avg       0.81      0.81      0.81       400

Acc       : 0.8100
Precision: 0.8117
Recall    : 0.8107
F1        : 0.8099
Support   : 400
```

图 5.15　模型准确度（2）

利用数据增强达到了 81% 的准确度，比之前好了很多。

19. 可以使用下面的代码，加载刚刚训练的模型（区分猫和狗的模型）：

```
from keras.models import load_model
model = load_model('Models/model_dogs-cats.h5')
```

20. 试试模型在没见过的数据上的表现。使用的数据可以在 Dataset/testing 文件夹中获取，并且可以使用练习 17 中的代码（但使用不同的样本名称）：

```
images = ['dog1.jpg', 'dog2.jpg', 'cat1.jpg', 'cat2.jpg']

for number in range(len(images)):
    imgLoaded = cv2.imread('testing/%s'%(images[number]))
    img = cv2.resize(imgLoaded, (rows, cols))
    img = (img.astype(np.float32))/255.0
    img = img.reshape(1, rows, cols, 3)
```

上面这段代码加载了一个图像，将其调整为期望的大小（128×128），对图像进行归一化（正如在训练集中做的一样），并将形状变换为(1,128,128,3)，以符合神经网络的输入要求。

下面继续循环中的代码：

```
plt.subplot(1,5,number+1),plt.imshow(cv2.cvtColor(imgLoad ed,cv2.COLOR_
BGR2RGB))
    plt.title(np.argmax(model.predict(img)[0]))
    plt.xticks([]),plt.yticks([])
fig = plt.gcf()
plt.show()
```

结果如图 5.16 所示。

Dog	Cat
0	1

图 5.16 对没见过的数据进行预测

可以看到，该模型的所有预测都是正确的。请注意，数据集中没有包含所有的猫或狗的品种，所以模型无法正确预测全部的猫或狗。若想正确预测所有猫和狗，就需要在数据集中添加更多的品种。

5.4.2 项目 5：使用数据增强来正确对花朵图像进行分类

本项目会将前面学到的内容付诸实践。下面使用一个不同的数据集，其中的图像更大（150 像素×150 像素）。数据集包含 5 个类别：雏菊、蒲公英、玫瑰、向日葵和郁金香。一共有 4323 个图像，相比上一个练习来说要少一些。每个类别中的图像数量不同，但这一点不用担心。这些图像都是 RGB 图像，拥有 3 个通道。每个类别的图像都存储在相应的 NumPy 数组中，下面会提供一种正确加载的方法。

可以参考以下步骤完成本项目。

1. 使用以下代码加载数据集，因为数据存储在 NumPy 数组中：

```
import numpy as np
classes = ['daisy','dandelion','rose','sunflower','tulip']
X = np.load("Dataset/flowers/%s_x.npy"%(classes[0]))
y = np.load("Dataset/flowers/%s_y.npy"%(classes[0]))
print(X.shape)
for flower in classes[1:]:
    X_aux = np.load("Dataset/flowers/%s_x.npy"%(flower))
    y_aux = np.load("Dataset/flowers/%s_y.npy"%(flower))
    print(X_aux.shape)
    X = np.concatenate((X, X_aux), axis=0)
    y = np.concatenate((y, y_aux), axis=0)
print(X.shape)
print(y.shape)
```

2. 导入 random 和 matplotlib，通过随机访问 X 展示数据集中的一些样本。

这些 NumPy 数组是使用 BGR 格式（OpenCV 格式）存储的，为了正确地展示图像，需要使用以下代码将格式转换为 RGB 格式（只是为了展示图像）：image=cv2.cvtColor(image, cv2.COLOR_BGR2RGB)。
为此，需要导入 cv2。

3. 对 X 集进行归一化，并将标签（y 集）转换为类别数据。

4. 将数据集划分为训练集和测试集。

5. 构建一个 CNN。

由于图像更大了，因此需要考虑添加更多的层，以便减小图像大小。此外，第一层应该具有更大的卷积核（卷积核在大于 3 时应该是奇数）。

6. 声明 Keras 中的 ImageDataGenerator，然后根据数据集的方差，对参数进行适当修改。

7. 训练模型。可以使用早停策略，或者设置一个很大的周期数，然后等待训练完成或者中途随时停止。如果声明了 Checkpoint 回调函数，那么永远只会存储验证集损失最好的模型（如果这是你选择的度量的话）。

8．使用下面的代码对模型进行评估：

```
from sklearn import metrics
y_pred = model.predict(x_test, batch_size=batch_size, verbose=0)
y_pred = np.argmax(y_pred, axis=1)
y_test_aux = y_test.copy()
y_test_pred = list()
for i in y_test_aux:
    y_test_pred.append(np.argmax(i))
accuracy = metrics.accuracy_score(y_test_pred, y_pred)
print(accuracy)
```

上面的代码会输出模型的准确度。请注意，batch_size 是为训练集和测试集（x_test 和 y_test）设置的批量大小。可以使用这段代码对任何模型进行评估，但需要先加载模型。如果希望从一个 .h5 文件中加载完整的模型，就需要使用下面的代码：

```
from keras.models import load_model model=load_model
('model.h5')
```

9．在没见过的数据上测试这个模型。在 **Dataset/testing** 文件夹中可以找到 5 种花朵的图像，然后将其加载并进行测试。5 种花朵图像的类别顺序如下：

```
classes=['daisy','dandelion','rose','sunflower','tulip']
```

得到的结果应该如图 5.17 所示。

图 5.17　使用 CNN 预测花朵类别

本项目的答案参见附录。

5.5 最先进的模型：迁移学习

人类不会从零开始学习每一项他们希望完成的任务，而是会以之前的知识作为基础，更快地完成各种任务。

就神经网络的训练来说，有些任务的训练成本非常高昂，例如需要使用数以十万计的图像进行训练、需要区分两个或更多类似的物体、需要数天时间才能达到很好的性能，等等。为了完成这些成本高昂的任务，人们训练了相应的神经网络。由于这些神经网络能够存储信息，因此其他模型可以利用它们的权重，针对类似的任务重新进行训练。

迁移学习正是实现了这个目的，可以将预训练模型的知识转移给新模型，让新模型可以利用这些知识。

例如，如果希望构建一个能够识别 5 种物体的分类器，但这个任务的训练成本过高（需要知识和时间），那么可以利用一个预训练的模型（通常是在著名的 ImageNet 数据集上训练的）并重新进行训练，以便适应希望解决的问题。ImageNet 数据集是一个大型的图像数据集，旨在用于视觉物体识别研究，包含超过 1400 万个图像和 2 万多个类别。对个人来说，在该数据集上训练的成本极其高昂。

从技术上来说，需要先加载模型在数据集上训练获得的权重。如果希望解决一个不同的问题，只需要改变模型的最后一层就可以了。如果模型是在 ImageNet 上训练的，模型中可能会包含 1000 个类别，而你只需要 5 个类别，所以可以将最后一层换成只包含 5 个神经元的全连接层；不过，也可以在最后一层前面多添加几层。

可以对导入的模型（基础模型）的各层进行冻结，这样它们的权重在训练期间就不会改变。根据冻结操作的不同，迁移学习分为以下两类。

- **传统型**：冻结基础模型的所有层。

- **微调型**：只冻结基础模型的一部分，通常是靠前的一些层。

在 Keras 中可以导入著名的预训练模型，例如 Resnet50 和 VGG16。可以导入带权重或者不带权重的预训练模型（Keras 中提供了在 ImageNet 上训练的权重），也可以选择是否包含模型顶层。只有在不包含顶层的情况下，才能指定输入形状，输入形状最小为 32。

使用以下代码可以导入不包含顶层的 Resnet50 模型，附带 imagenet 权重，输入形状为 150×150×3：

```
from keras.applications import resnet50
model = resnet50.ResNet50(include_top=False, weights='imagenet', input_
shape=(150,150,3))
```

如果希望使用模型最后的全连接层（假设你想解决的问题类似于 ImageNet，但类别有所不同），需要包含模型的顶层，那么应该使用下面的代码：

```
from keras.models import Model
from keras.layers import Dense

model.layers.pop()
model.outputs = [model.layers[-1].output]
model.layers[-1].outbound_nodes = []

x=Dense(5, activation='softmax')(model.output)
model=Model(model.input,x)
```

上面的代码去掉了分类层（最后的全连接层），并且将模型准备好，供你添加最后一层。当然，你也可以在最后的分类层之前添加更多的层。

如果没有包含模型顶层，那么应该使用下面的代码来添加自己的顶层：

```
from keras.models import Model
from keras.layers import Dense, GlobalAveragePooling2D
x=base_model.output
x=GlobalAveragePooling2D()(x)
x=Dense(512,activation='relu')(x)  #全连接层 2
x=Dropout(0.3)(x)
x=Dense(512,activation='relu')(x)  #全连接层 3
x=Dropout(0.3)(x)
preds=Dense(5,activation='softmax')(x)  #包含 softmax 激活函数的最后一层
model=Model(inputs=base_model.input,outputs=preds)
```

其中，GlobalAveragePooling2D 类似于一种最大值池化层。

在使用这类模型时，应该对数据进行预处理，正如对用来训练这些模型的数据进行的预处理一样（如果你使用了权重）。Keras 有一个 preprocess_input 方法，可以为每个模型执行该操作。例如，对 ResNet50 来说，代码如下：

```
from keras.applications.resnet50 import preprocess_input
```

将图像数组传递给该函数，就能得到准备好的数据，然后就可以进行训练。

模型的**学习速率**（learning rate）是指模型达到一个局部最小的速度。这个参数通常不用担心，但在重新训练神经网络时需要调节这个参数，降低其数值，以免影响到神经网络已经学习到的内容。该参数是在声明优化器时进行调节的。也可以不对该参数进行调节，但模型可能会无法收敛，或者会出现过拟合。

通过这种方法对模型的权重加以利用，可以使用非常少量的数据训练神经网络，并且获得不错的总体结果。

迁移学习也可以和数据增强结合使用。

练习 19：基于迁移学习对钞票进行分类

本练习会使用非常少量的数据，区分 5 欧元钞票和 20 欧元钞票。每个类别包含 30 个图像，远远少于之前练习中的数据。下面首先加载数据；接着声明预训练的模型，声明数据增强方法；然后训练模型；最后测试模型在没见过的数据上的表现。

1. 打开 Google Colab。

需要挂载你的 drive 上的 Dataset 文件夹，并且设置相应的路径。

2. 声明下面的函数，用来加载数据：

```
import re, os, cv2
import numpy as np

def list_files(directory, ext=None):
//{…}
##完整代码可以从配套资源中获取##

def load_images(path,label):
//{…}
##完整代码可以从配套资源中获取##

    for fname in list_files( path, ext='jpg' ):
        img = cv2.imread(fname)
        img = cv2.resize(img, (224, 224))
//{…}
##完整代码可以从配套资源中获取##
```

请注意，将数据的形状变为了 224×224。

3. 数据存储在路径 Dataset/money/ 下，两个类别分别存放在相应的子文件夹中。使用下面的代码加载数据：

```
X, y = load_images('Dataset/money/20',0)
X_aux, y_aux = load_images('Dataset/money/5',1)
X = np.concatenate((X, X_aux), axis=0)
y = np.concatenate((y, y_aux), axis=0)
print(X.shape)
print(y.shape)
```

20 欧元钞票的标签为 0，5 欧元钞票的标签为 1。

4. 展示数据：

```
import random
random.seed(42)
from matplotlib import pyplot as plt

for idx in range(5):
    rnd_index = random.randint(0, 59)
    plt.subplot(1,5,idx+1),plt.imshow(cv2.cvtColor(X[rnd_index],cv2.COLOR_
BGR2RGB))
    plt.xticks([]),plt.yticks([])
plt.savefig("money_samples.jpg", bbox_inches='tight')
plt.show()
```

结果如图 5.18 所示。

图 5.18   钞票示例

5. 声明预训练的模型：

```
from keras.applications.mobilenet import MobileNet, preprocess_input
from keras.layers import Input, GlobalAveragePooling2D, Dense, Dropout
from keras.models import Model

input_tensor = Input(shape=(224, 224, 3))

base_model = MobileNet(input_tensor=input_
tensor,weights='imagenet',include_top=False)
```

```
x = base_model.output
x = GlobalAveragePooling2D()(x)
x = Dense(512,activation='relu')(x)
x = Dropout(0.5)(x)
x = Dense(2, activation='softmax')(x)

model = Model(base_model.input, x)
```

本练习加载的是 MobileNet 模型，附带 imagenet 的权重，并且不包含顶层，以便构建我们自己的顶层。输入形状为 224×224×3。

为了构建模型的顶层，首先获取 MobileNet 模型的最后一层（这不是分类层）的输出；然后添加一个用来减小图像大小的 GlobalAveragePooling2D 层、一个可以针对特定问题进行训练的全连接层、一个用来避免过拟合的 Dropout 层，以及最后的一个分类层。

最后的全连接层包含两个神经元，因为只有两个类别。该层使用 Softmax 作为激活函数。虽然 Sigmoid 函数也可以用于进行二分类，但会改变整个过程，并且不能将标签转换为类别数据，预测的格式也会不一样。

创建之后会进行训练的模型，使用 MobileNet 模型的输入作为输入，使用进行分类的全连接层作为输出。

6. 进行微调。需要先将一些层冻结，其他可以训练的层保持不变：

```
for layer in model.layers[:20]:
    layer.trainable=False
for layer in model.layers[20:]:
    layer.trainable=True
```

7. 使用 Adadelta 优化器编译模型：

```
import keras
model.compile(loss='categorical_crossentropy',optimizer=keras.optimizers.
Adadelta(), metrics=['accuracy'])
```

8. 使用前面导入的 preprocess_input 方法，对 MobileNet 模型的 X 集进行预处理，然后将 y 标签转换为独热编码：

```
from keras import utils as np_utils
X = preprocess_input(X)
#X = (X.astype(np.float32))/255.0
y = np_utils.to_categorical(y)
```

9. 使用 train_test_split 方法将数据划分为训练集和测试集：

```
from sklearn.model_selection import train_test_split
x_train, x_test, y_train, y_test = train_test_split(X, y, test_size=0.2)
print(x_train.shape)
print(y_train.shape)
print(x_test.shape)
print(y_test.shape)
```

10. 对数据集应用数据增强：

```
from keras.preprocessing.image import ImageDataGenerator
train_datagen = ImageDataGenerator(
        rotation_range=90,
        width_shift_range = 0.2,
        height_shift_range = 0.2,
        horizontal_flip=True,
        vertical_flip=True,
        zoom_range=0.4)
train_datagen.fit(x_train)
```

由于钞票图像可能是从不同角度拍摄的，这里将旋转范围设置为 90。对这个任务来说，其他参数似乎都是合理的。

11. 声明一个 Checkpoint，在验证集损失增加时存储模型，然后训练模型：

```
from keras.callbacks import ModelCheckpoint
ckpt = ModelCheckpoint('Models/model_money.h5', save_best_only=True,
monitor='val_loss', mode='min', save_weights_only=False)
model.fit_generator(train_datagen.flow(x_train, y_train,
                                batch_size=4),
                epochs=50,
                validation_data=(x_test, y_test),
                callbacks=[ckpt],
                steps_per_epoch=len(x_train) // 4,
                workers=4)
```

将批量大小设置为 4，因为数据样本很少，不希望一次将很多样本传递给神经网络，而是希望分批传递。由于数据很少，并且使用了 Adadelta 优化器，设置了较高的学习速率，损失的不稳定性会比较高。因此，这里没有使用 EarlyStopping 回调函数。

12. 检查一下结果，预期结果如图 5.19 所示。

```
Epoch 1/50
12/12 [==============================] - 20s 2s/step - loss: 1.9433 - acc: 0.6250 - val_loss: 0.7410 - val_acc: 0.8333
Epoch 2/50
12/12 [==============================] - 15s 1s/step - loss: 0.7455 - acc: 0.7917 - val_loss: 0.4823 - val_acc: 0.6667
Epoch 3/50
12/12 [==============================] - 16s 1s/step - loss: 0.8849 - acc: 0.8542 - val_loss: 0.0095 - val_acc: 1.0000
Epoch 4/50
12/12 [==============================] - 16s 1s/step - loss: 1.2643 - acc: 0.7708 - val_loss: 0.8220 - val_acc: 0.6667
Epoch 5/50
12/12 [==============================] - 15s 1s/step - loss: 0.5782 - acc: 0.8125 - val_loss: 0.3651 - val_acc: 0.8333
Epoch 6/50
12/12 [==============================] - 16s 1s/step - loss: 0.2236 - acc: 0.8958 - val_loss: 1.0818 - val_acc: 0.7500
Epoch 7/50
12/12 [==============================] - 16s 1s/step - loss: 0.5183 - acc: 0.8333 - val_loss: 2.9355e-06 - val_acc: 1.0000
Epoch 8/50
12/12 [==============================] - 16s 1s/step - loss: 0.4954 - acc: 0.8958 - val_loss: 7.6321e-05 - val_acc: 1.0000
```

图 5.19 预期结果

从图 5.19 中可以看到，在第 7 周期，模型已经达到了 100% 的准确度，损失也很低。这是因为验证集的数据很少，只有 12 个样本。这样无法表明模型在没见过的数据上的表现。

13. 运行下面代码，计算模型的准确度：

```
y_pred = model.predict(x_test, batch_size=4, verbose=0)
y_pred = np.argmax(y_pred, axis=1)
y_test_aux = y_test.copy()
y_test_pred = list()
for i in y_test_aux:
    y_test_pred.append(np.argmax(i))

accuracy = metrics.accuracy_score(y_test_pred, y_pred)
print('Acc: %.4f' % accuracy)
…
```

输出结果如图 5.20 所示。

```
Making predictions...
[1 0 1 0 0 0 1 0 0 0 1 1]

Final results...
               precision    recall  f1-score   support

           0       1.00      1.00      1.00         7
           1       1.00      1.00      1.00         5

   micro avg       1.00      1.00      1.00        12
   macro avg       1.00      1.00      1.00        12
weighted avg       1.00      1.00      1.00        12

Acc       : 1.0000
Precision : 1.0000
Recall    : 1.0000
F1        : 1.0000
Support   : 12
```

图 5.20 模型的准确度为 100%

14. 试试模型在没见过的数据上的表现。测试图像位于 Dataset/testing 文件夹下，包含

4 个钞票示例, 用来检查模型是否可以正确预测它们:

```
images = ['20.jpg','20_1.jpg','5.jpg','5_1.jpg']
model.load_weights('Models/model_money.h5')

for number in range(len(images)):
    imgLoaded = cv2.imread('Dataset/testing/%s'%(images[number]))
    img = cv2.resize(imgLoaded, (224, 224))
    #cv2.imwrite('test.jpg',img)
    img = (img.astype(np.float32))/255.0
    img = img.reshape(1, 224, 224, 3)
    plt.subplot(1,5,number+1),plt.imshow(cv2.cvtColor(imgLoaded,cv2.COLOR_
BGR2RGB))
    plt.title('20' if np.argmax(model.predict(img)[0]) == 0 else '5')
    plt.xticks([]),plt.yticks([])
plt.show()
```

 同样, 20 欧元钞票的标签为 0, 5 欧元钞票的标签为 1。

上面的代码加载了没见过的图像并进行了预测, 结果如图 5.21 所示。

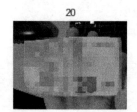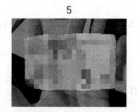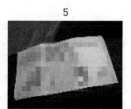

图 5.21　钞票预测

模型准确预测了这些图像。

至此, 利用迁移学习, 你能够使用少量数据集来训练模型了。

5.6　小结

在图像处理方面, CNN 所展现的性能比全连接神经网络好很多。此外, CNN 也同样能够在文本和音频数据上获得很好的结果。

本章深入介绍了 CNN，也介绍了卷积操作的原理和相应参数，并且通过一个练习将这些理论付诸实践。

数据增强技术通过对原始数据应用简单的变换，可以生成新的图像，从而用来解决数据不足或者数据差异性过小的问题。本章介绍了这种技术，并通过一个练习和一个项目将其付诸实践。

迁移学习技术用来应对数据不足的情况，或者用来应对由于问题过于复杂导致使用正常神经网络训练时间太久的情况。此外，由于使用的模型已经实现好了，因此这种技术不需要使用者对神经网络有很深的理解。迁移学习也可以和数据增强结合使用。

本章也介绍了迁移学习，并且通过一个练习将其付诸实践，练习中的数据量非常小。

在计算机视觉领域，学习如何构建 CNN 对物体识别和环境识别来说都非常有帮助。机器人使用视觉传感器识别环境时通常会使用 CNN，并通过数据增强来改善 CNN 的性能。在第 8 章中，你所学习的 CNN 概念将会应用在一个真实应用中，并且你将能够使用深度学习来识别环境。

在应用这些技术进行环境识别之前，需要先学习如何管理一个能够识别环境的机器人。第 6 章将会介绍如何利用 ROS 软件，通过模拟器来管理机器人。

第6章
机器人操作系统（ROS）

学习目标

阅读完本章之后，你将能够：

- 解释机器人操作系统（ROS）的基本概念；
- 创建并开发 ROS 软件包；
- 利用从传感器获得的信息来操作虚拟机器人；
- 为机器人开发并实现可工作的程序。

本章重点介绍 ROS 以及开发 ROS 软件包的各种方法，还会介绍如何基于传感器接收的信息，使用 ROS 操作一个虚拟机器人。

6.1 简介

为机器人开发软件不像开发其他类型的软件那么容易。为了构建机器人，需要通过一定的方法和函数来获取传感器的信息、控制机器人的部件，并与机器人连接。ROS 提供了这些方法和函数，让构建虚拟机器人变得更容易。

ROS 是一个与 Ubuntu（Linux）兼容的框架，用来编写机器人软件。利用 ROS 提供的库和工具，可以构建出机器人的不同行为。这个框架最有趣的特性之一是，编写出来的代码适用于任何机器人。此外，通过 ROS 可以同时开发几台不同的机器，例如，如果希望用机器人摘苹果，可以用一台计算机来获取关于苹果的摄像头信息并进行处理，用另一台机器来控制机器人的动作，最后由机器人摘下苹果。通过遵循这个工作流，计算机不用执行太多计算任务，执行过程也会更为流畅。

无论是对研究者还是对公司来说，ROS 都是机器人学中应用最广泛的工具。ROS 正在成为机器人执行任务的标准。此外，ROS 仍在不断发展，可以解决新的问题，适应不同的技术。这些特点都使得 ROS 是一个很好的学习和实践主题。

6.2 ROS 基本概念

第一次接触 ROS 不是很轻松，但和其他软件一样，你需要理解 ROS 的工作原理，以及如何使用 ROS 执行某些任务。因此，在安装和使用 ROS 框架之前，应该先理解 ROS 的基本概念。下面列举了 ROS 函数背后的关键概念，可以帮助你理解 ROS 的内部过程。

- **节点**（node）：ROS 节点是一个负责执行任务和计算的进程。通过使用主题或者其他更复杂的工具，可以进行节点相互之间的结合。

- **主题**（topic）：主题是节点之间的单向信息通道。之所以称为单向工作流，是因为节点可以订阅主题，但主题不知道有哪些节点订阅了自己。

- **master**：ROS master 是一个服务，为其余节点提供名字和登记。master 的主要功能是让各个节点可以彼此定位，建立点对点的交流。

- **软件包**（package）：软件包是 ROS 的核心。软件包可以包含节点、库、数据集，或者用来构建机器人应用的其他有用组件。

- **栈**（stack）：ROS 栈是一组节点，这些节点结合起来提供一定功能。在开发非常复杂的功能时，栈可以用于为各个节点划分任务。

除了上述概念，还有很多其他概念也有助于 ROS 的使用，但上面这些基本概念就足以帮助你实现强大的机器人程序了。下面通过一个简单的示例，学习这些概念是如何应用在真实情况中的，如图 6.1 所示。

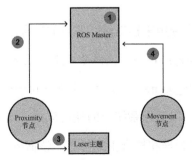

图 6.1 基于 ROS 的示例系统示意图

在这个示例系统中，机器人会在检测到邻近障碍物时改变方向。下面按步骤介绍其工作原理。

1．启用 ROS master，从而开启 ROS，然后就可以运行节点了。

2．启动 proximity（邻近度）节点，该节点从激光传感器提取信息，然后通知 master 发布这个信息。如果一切顺利，并且信息符合预期的类型，那么 master 会允许该节点通过主题进行发布。

3．一旦 master 允许该节点发布信息，信息就会通过主题发布。在本例中，proximity 节点会在 laser 主题中发布信息。

4．movement 节点请求 master 订阅 laser 主题。订阅之后，该节点会获得发布的信息，然后利用该信息来决定机器人执行的下一项行动。

总之，两个节点可以通过 master 服务共享信息，而 master 服务会让两个节点知道彼此的存在。

6.3　ROS 基本命令

ROS 没有图形化用户界面，所有操作必须通过命令行执行，从而与 Ubuntu 兼容。不过，在进行 ROS 开发之前，需要先学习一些最常用的命令。下面列举了最常用的命令以及相应的功能。

- **roscore**：这是使用 ROS 时运行的第一个命令。该命令用来启动框架，为 ROS 程序或操作提供支持。需要使用这个命令来允许节点之间进行通信。

- **roscd**：该命令无须用户输入物理路径，就可以切换到一个栈或者软件包目录。

- **rosnode**：这一组命令用来管理节点和获取节点信息。下面列举了最常用的 rosnode 命令。

  - **rosnode list**：该命令用来输出活跃节点的信息。

  - **rosnode info <node_name>**：该命令用来获取给定节点的信息。

  - **rosnode kill <node_name>**：该命令用来停止一个节点进程。

- **rosrun**：使用该命令可以运行系统上的任何应用，而无须切换到相应目录。

- **rostopic**：该命令用来管理和检查主题信息。该命令还有以下几个变形。

- **rostopic list**：该命令用来输出活跃主题的信息。
- **rostopic info <topic_name>**：该命令用来获取给定主题的信息。
- **rostopic pub <topic_name> [data...]**：该命令用来将给定的数据发布到给定主题。
- **rqt_graph**：这是一个非常有用的命令，用来以图形化的方式查看活跃节点以及正在发布或者已订阅的主题。

6.4 安装和配置

在安装 ROS 之前，需要考虑的第一件事情就是 Ubuntu 的版本。根据操作系统版本的不同，有几种不同的 ROS 版本可以选择。下面会介绍 ROS Kinetic Kame 的安装方法，该版本与 Ubuntu 16.04 LTS（Xenial Xerus）兼容。

> 如果你使用的不是这个 Ubuntu 版本，可以访问 ROS 网站获取相应的发行版信息。

和其他工具一样，推荐安装 ROS 的最新版本，因为最新版修复了更多错误，也有更多的新功能。不过，使用老版本也没关系。

> 可以参考前言，了解更详细的 ROS 安装步骤。

6.5 Catkin 工作空间和软件包

在编写第一个机器人应用程序之前，要完成的最后一个步骤就是配置工作环境。为此，需要了解什么是 catkin 工作空间和软件包，以及如何利用它们。

catkin 工作空间是一个 ROS 目录，可以在其中创建、编译并运行 catkin 软件包。catkin 软件包是用来创建 ROS 节点和应用的容器。每个软件包都是一个单独的项目，可以包含多个节点。请注意，catkin 软件包中的 ROS 代码只能使用 Python 或者 C++编写。

下面看一看如何创建 catkin 工作空间。

以下命令需要在同一个终端窗口下执行。

1. 创建一个标准文件夹，其中包含一个名为 src 的子文件夹，可以选择在系统上的任意位置创建：

```
mkdir -p ~/catkin_ws/src
cd ~/catkin_ws
```

2. 切换到新的 catkin_ws 目录，执行 catkin 编译命令来初始化新的工作空间：

```
catkin_make
```

每次对任何软件包进行修改，并且希望编译工作空间时，都必须执行这个命令。

执行了上述简单步骤之后，catkin 工作空间就准备好了。但要记住，使用前永远要输入这个命令：

```
source devel/setup.bash
```

该命令让 ROS 知道所创建的 catkin 工作空间中可能存在 ROS 可执行文件。

如果成功完成了前面的步骤，现在就可以创建 catkin 软件包并进行开发了。可以按照下面的步骤创建软件包。

1. 进入 catkin 工作空间中的 src 文件夹：

```
cd ~/catkin_ws/src
```

2. 使用下面的命令创建一个软件包：

```
catkin_create_pkg <软件包名称> [依赖项]
```

其中，依赖项（dependencies）是软件包正常工作所需要的一组库或者工具。例如，在一个只使用 Python 代码的简单软件包中，该命令如下：

```
catkin_create_pkg my_python_pkg rospy
```

6.6　发布者和订阅者

前面介绍 ROS 基本概念时提到，一些节点是用于发布数据的，另一些节点是用来订阅这些数据的。理解了这个概念，就不难理解节点可以根据行为分为两类了，分别是发布者（publisher）和订阅者（subscriber）。想一想，为什么要区分这两类节点？

一方面，发布者是为其他节点提供信息的节点，通常利用传感器检查环境状态，然后将其转换为有价值的输出，供订阅者接收。

另一方面，订阅者通常获取可理解的输入并进行处理，然后根据处理结果决定下一步的行动。

在机器人和模拟器中使用节点之前，可以通过一些示例来展示节点的工作方式，这是平常很难见到的编程方式，会很有趣。下面通过一些练习，加深对节点的理解。

6.6.1 练习 20：编写简单的发布者和订阅者

本练习会使用 Python 编写一个简单的发布者和订阅者。步骤如下。

1. 新建一个终端，输入 roscore 命令，启动 ROS：

```
roscore
```

2. 在 catkin 工作空间中新建一个软件包，用来完成本练习。该软件包会依赖于 rospy 和 std_msgs，所以需要按照以下方式创建：

```
catkin_create_pkg exercise20 rospy std_msgs
```

> std_msgs 是一个提供 ROS 原始数据类型支持的软件包。如果希望获取更多信息，包括支持的具体数据类型，可以参考 ROS 相关的介绍。

3. 切换到软件包目录，新建一个文件夹，其中包含发布者和订阅者的文件：

```
cd ~/catkin_ws/src/exercise20
mkdir -p scripts
```

4. 进入新建的文件夹，为每个节点创建一个相应的 Python 文件：

```
cd scripts
touch publisher.py
touch subscriber.py
```

5. 为两个文件添加可执行权限：

```
chmod +x publisher.py
chmod +x subscriber.py
```

6. 实现发布者。

初始化 Python 环境并导入所需库。

 需要将以下代码添加到 publisher.py 文件中：
```
#!/usr/bin/env python
import rospy
from std_msgs.msg import String
```

创建一个用来发布消息的函数：

```
def publisher():
```

声明一个发布者，该发布者用于将一个 String 消息发布到一个新的主题，无论其名称是什么：

```
pub =rospy.Publisher('publisher_topic', String, queue_size=1)
```

 由于 ROS 的发布过程是异步的，因此创建了一个包含已发布消息的队列，需要在每次创建发布者时指定队列的大小，以便 ROS 记录队列可以存储的消息数量。本练习指定队列大小为 1，因为后面会一直发布同样的消息。

使用 init_node 方法对节点进行初始化。在初始化节点时，最好将匿名标志设置为 True，以免产生命名冲突：

```
rospy.init_node('publisher', anonymous=True)
```

使用创建的发布者变量，可以发布任何所需的 String。例如：

```
pub.publish("Sending message")
```

最后，在程序入口调用所创建的函数：

```
if __name__ == '__main__':
    publisher()
```

7. 实现订阅者。

和发布者一样，先初始化 Python 并导入所需库。

需要将以下代码添加到 subscriber.py 文件中：

```
#!/usr/bin/env python
import rospy
from std_msgs.msg import String
```

创建一个用来订阅主题的函数：

```
def subscriber():
```

使用和之前相同的方式，初始化节点：

```
rospy.init_node('subscriber', anonymous=True)
```

使用以下函数订阅 publisher_topic 主题：

```
rospy.Subscriber('publisher_topic', String, callback)
```

Subscriber 调用中的第三个参数是回调函数，该函数不是由用户调用的。该函数的指针会传递给另外的组件，在本例中是订阅者，而订阅者会在合适的时候调用该函数。总之，该回调函数会在订阅者每次获取一条消息时触发。

使用 spin 函数让订阅者有机会运行 callback 方法。该函数可以为程序生成一个循环，让程序不会结束：

```
rospy.spin()
```

下面实现 callback 函数，用来在接收到任何数据时输出一条消息。本练习会在接收到发布者的第一条消息时终止订阅者节点，这可以通过 rospy 中集成的 signal_shutdown 方法实现，唯一需要的参数是终止原因：

```
def callback(data):
    if(data != None):
```

```
print("Message received")
rospy.signal_shutdown("Message received")
```

在主执行线程中调用刚才创建的函数：

```
if __name__ == '__main__':
    subscriber()
```

8．测试创建好的节点的功能。 可以按照以下步骤进行测试。

新建一个终端并移动到你的工作空间，然后执行以下命令，让 ROS 检查可执行文件：

```
source devel/setup.bash
```

运行订阅者节点。如果实现正确，该节点会持续运行，直到运行发布者节点：

```
rosrun exercise20 subscriber.py
```

新建一个终端，再次执行刚才的命令，即：

```
source devel/setup.bash
```

运行发布者节点：

```
rosrun exercise20 publisher.py
```

如果这些节点的实现都没有问题，那么在运行发布者之后，订阅者便会终止运行。输出结果应该是在回调函数中输出的消息，即 Message received。

> 由于软件包节点是用 Python 编写的，因此不需要编译工作空间就可以运行。如果节点是用 C++ 编写的，就需要在每次代码修改之后构建软件包。

6.6.2　练习21：编写较复杂的发布者和订阅者

本练习和上一个练习类似，但更为复杂。之前创建的发布者在一次执行中只能发送一条消息，下面要实现的发布者会不断发送消息，直到用户终止进程。

本练习的目标是创建一个数字查找系统，并按照以下规则查找数字。

- 发布者节点在一个主题中发布随机数字，直到被用户终止。

- 订阅者节点首先选择一个数字，然后在接收的消息列表中寻找这个数字。这样做可能会出现下面两种情况。

- 如果在 1000 次尝试之内找到了该数字，就会输出一条确认消息，并附上已经尝试的次数。

- 如果尝试 1000 次之后还没有找到，就会输出一条否认消息，通知用户无法找到该数字。

可以按照以下方法实现这个系统。

1. 创建软件包和文件：

```
cd ~/catkin_ws/src
catkin_create_pkg exercise21 rospy std_msgs
cd exercise21
mkdir scripts
cd scripts
touch generator.py
touch finder.py
chmod +x generator.py finder.py
```

2. 实现发布者。

和前一个练习相同，导入所需库，但这一次需要将 String 替换为 Int32，因为节点要处理数字。此外，还需要导入用来生成数字的 random 库。

需要将以下代码添加到 generator.py 文件中：
```
#!/usr/bin/env python
import rospy
from std_msgs.msg import Int32
import random
```

3. 创建数字生成函数：

```
def generate():
```

4. 和前一个练习相同，声明发布者并初始化节点。请注意，这一次的数据类型不同，并且将队列大小设置为了 10，即同时可以有 10 个已发布的数字。在发布第 11 个数字时，第 1 个数字就会从队列中丢弃：

```
pub = rospy.Publisher('numbers_topic', Int32, queue_size=10)
rospy.init_node('generator', anonymous=True)
```

5. 配置程序循环迭代的速率。下面将速率设置为 10（Hz），不是很高，以便检查生成的数字：

```
rate = rospy.Rate(10)
```

6. 实现用来生成并发布数字的循环。该循环会不断迭代，直到被用户终止，所以可以使用 is_shutdown 函数进行条件判断。在声明的速率变量上应用 sleep 方法，从而实现所需的速率：

```
while not rospy.is_shutdown():
    num = random.randint(1,101)
    pub.publish(num)
    rate.sleep()
```

7. 在节点入口调用刚才创建的函数。利用 try 指令让用户的终止操作不会产生错误：

```
if __name__ == '__main__':
    try:
        generate()
    except rospy.ROSInterruptException:
        pass
```

8. 实现订阅者。

导入所需库。

 需要将以下代码添加到 finder.py 文件中：

```
#!/usr/bin/env python
import rospy
from std_msgs.msg import Int32
```

9. 创建一个包含两个属性的类，一个属性代表想要找到的数字，另一个属性用来统计尝试次数：

```
class Finder:
    searched_number = 50
    generated_numbers = 0
```

10．实现回调函数，该函数应该体现出 **finder** 的逻辑。有很多种实现方法，下面采用一种常见的方法：

```
def callback(self, data):
    if data.data == self.searched_number:
        print(str(data.data) + ": YES")
        self.generated_numbers += 1
        print("The searched number has been found after " + str(self.
generated_numbers) + " tries")
        rospy.signal_shutdown("Number found")
    elifself.generated_numbers>= 1000:
print("It wasn't possible to find the searched number")
        rospy.signal_shutdown("Number not found")
else:
        print(str(data.data) + ": NO")
        self.generated_numbers += 1
```

可以看到，这是一个简单的函数。该函数寻找选定的数字，每次尝试失败时会为计数器加一。如果找到了该数字，会输出一条确认消息。如果计数器达到 1000，则终止搜索并输出否认消息。

11．创建用来进行订阅的函数。请注意，这一次发布的数据类型是 Int32：

```
def finder(self):
    rospy.init_node('finder', anonymous=True)
    rospy.Subscriber('numbers_topic', Int32, self.callback)
    rospy.spin()
```

12．在节点入口创建 Finder 类的实例，然后调用 finder 方法：

```
if __name__ == '__main__':
    find = Finder()
    find.finder()
```

13．测试这个实现是否正确。

新建一个终端并运行 roscore 命令。

新建另一个终端，运行订阅者节点：

```
cd ~/catkin_ws
source devel/setup.bash
rosrun exercise21 finder.py
```

14. 在另一个终端下运行发布者节点，从而开始生成数字，回调函数也开始工作了：

```
cd ~/catkin_ws
source devel/setup.bash
rosrun exercise21 generator.py
```

15. 如果找到了所搜索的数字（在本例中是 50），输出结果会如图 6.2 所示。

图 6.2 找到数字时的输出结果示例

16. 将搜索的数字设置为一个大于 100 的数字，这样就找不到该数字了。获得的输出结果应该如图 6.3 所示。

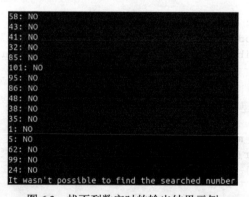

图 6.3 找不到数字时的输出结果示例

当两个节点都在运行时，使用 rqt_graph 命令可以图形化地查看刚才创建的结构，这会是一件很有趣的事情。下面新建一个终端并输入该命令，输出结果应该如图 6.4 所示。

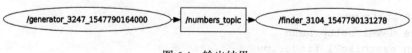

图 6.4 输出结果

6.7 模拟器

在开发和测试机器人软件的过程中，模拟器是非常好用的工具。模拟器让所有人都能低成本地学习机器人学。想象一下，假如你在进行一个机器人项目，需要不断测试机器人的功能并改善。这就需要在每次测试时连接机器人、为机器人充电，以及挪动机器人。使用模拟器可以避免这些麻烦，因为模拟器可以随时运行在你的计算机里，甚至可以用来模拟机器人生成的节点和主题。

下面会用到 Gazebo，这是一款包含在 ROS 完整安装之中的模拟器。事实上，如果在安装 ROS 时选择了这个选项，就可以在终端里执行 gazebo 命令来启动 Gazebo 模拟器。图 6.5 所示为 Gazebo 的初始界面。

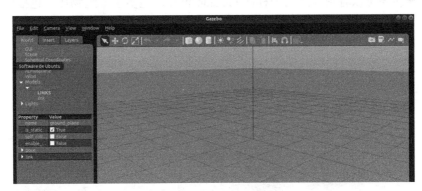

图 6.5　Gazebo 初始界面

下一步是安装并配置想要模拟的机器人。下面会使用 Turtlebot——一个装备有摄像头和许多传感器（如激光传感器）的轮式机器人。Turtlebot 和你的 ROS 发行版可能会不兼容（我们使用的是 Kinetic Kame），但不必担心，Gazebo 中有很多可以模拟的机器人，可以看看你的 ROS 发行版上能使用什么别的机器人。

6.7.1　练习 22：Turtlebot 配置

本练习会进行在使用 Turtlebot 之前所需的一些配置。

1．安装依赖项：

```
sudo apt-get installros-kinetic-turtlebotros-kinetic-turtlebot-apps
ros-kinetic-turtlebot-interactions ros-kinetic-turtlebot-simulator
ros-kinetic-kobuki-ftdiros-kinetic-ar-track-alvar-msgs
```

2．将 Turtlebot 模拟器软件包下载到你的 catkin 工作空间中，该软件包位于配套资源的 Lesson06 文件夹中，名为 turtlebot_simulator.zip。

3．在 Gazebo 中使用 Turtlebot。

启动 ROS：

```
roscore
```

启动 Turtlebot World：

```
cd ~/catkin_ws
source devel/setup.bash
roslaunch turtlebot_gazebo turtlebot_world.launch
```

4．现在应该可以看到和之前一样的 Gazebo 世界，但多了一组物体，包括位于中点的 Turtlebot，如图 6.6 所示。

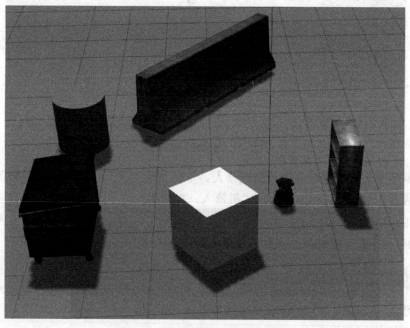

图 6.6　Gazebo 中的 Turtlebot 模拟

下面来看另一个练习，学习如何从传感器提取信息并进行利用。

6.7.2 练习23：模拟器和传感器

本练习会创建一个 ROS 节点，用来订阅 Turtlebot 摄像头并获取相应图像。具体步骤如下。

1. 使用所需的依赖项和文件来创建一个软件包：

```
cd ~/catkin_ws/src
catkin_create_pkg exercise22 rospy sensor_msgs
cd exercise22
mkdir scripts
cd scripts
touch exercise22.py
chmod +x exercise22.py
```

2. 实现该节点。

导入所需库。本练习会使用 OpenCV 来处理从摄像头获取的图像：

```
#!/usr/bin/env python
import rospy
from sensor_msgs.msg import Image
import cv2
from cv_bridge import CvBridge
```

创建一个类，然后声明一个 CvBridge 类型的属性，用来在之后将图像转换为 cv2 格式：

```
class ObtainImage:
    bridge = CvBridge()
```

编写回调函数，该函数用于获取图像并将其转化为 cv2 格式：

```
def callback(self, data):
    cv_image = self.bridge.imgmsg_to_cv2(data, "bgr8")
    cv2.imshow('Image',cv_image)
    cv2.waitKey(0)
    rospy.signal_shutdown("Finishing")
```

 这里使用 waitKey 函数将图像保留在屏幕上。图像会在用户按下任意键时消失。

3. 定义并实现订阅者函数。请注意，所需数据的类型是 Image：

```
def obtain(self):
        rospy.Subscriber('/camera/rgb/image_raw', Image, self.
callback)
        rospy.init_node('image_obtainer', anonymous=True)
        rospy.spin()
```

> 如果不知道希望订阅的主题的名字，可以运行 rostopic list 命令来检查可用的节点，输出结果应该如图 6.7 所示。

```
/camera/depth/camera_info
/camera/depth/image_raw
/camera/depth/points
/camera/parameter_descriptions
/camera/parameter_updates
/camera/rgb/camera_info
/camera/rgb/image_raw
/camera/rgb/image_raw/compressed
/camera/rgb/image_raw/compressed/parameter_descriptions
/camera/rgb/image_raw/compressed/parameter_updates
/camera/rgb/image_raw/compressedDepth
/camera/rgb/image_raw/compressedDepth/parameter_descriptions
/camera/rgb/image_raw/compressedDepth/parameter_updates
/camera/rgb/image_raw/theora
/camera/rgb/image_raw/theora/parameter_descriptions
/camera/rgb/image_raw/theora/parameter_updates
```

图 6.7 运行 rostopic list 命令的输出结果

4. 在程序入口调用 subscriber 函数：

```
if __name__ == '__main__':
    obt = ObtainImage()
    obt.obtain()
```

5. 检查节点是否工作正常。为此，首先运行 roscore 命令，然后在 Gazebo 中运行 Turtlebot，并在不同终端中创建节点。注意，如果之前没有运行 source devel/setup.bash，那么也应该运行：

```
roscore
roslaunch turtlebot_gazebo turtlebot_world.launch
rosrun exercise22 exercise22.py
```

得到的结果应该如图 6.8 所示。

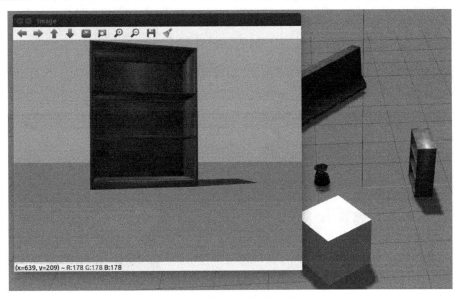

图 6.8　运行示例代码的结果

6.7.3　项目 6：模拟器和传感器

想象一下这个场景：你在一家机器人公司工作，公司最近获得了一个新客户，是一家安全监控公司。你的任务是为一个在夜间守卫商店的机器人实现一个监控系统，客户希望机器人驻守在商店中间，并且不断环视四周。

你必须使用 Turtlebot 和 Gazebo 来模拟这个系统。

1．实现一个节点，用来订阅摄像头并展示摄像头接收到的全部图像。

2．实现一个节点，用来让机器人转身。

为此，必须发布/mobile_base/commands/velocity 主题，该主题用于处理 Twist 消息。Twist 是 geometry_msgs 库中的一个消息类型，所以需要将该库添加为依赖项。为了让机器人转身，可以创建 Twist 的一个实例，修改其 angular.z 值并进行发布。

3．同时运行这两个节点。

在项目完成时，转身后获得的输出应该如图 6.9 所示。

图 6.9 转身后获得的输出

 本项目的答案参见附录。

6.8 小结

本章介绍了如何使用 ROS 进行开发，涵盖了 ROS 的安装、配置，以及节点的实现。此外，本章从模拟器及其传感器中提取信息，并从获得的信息中提取价值，以便解决问题。本章中的所有练习和项目都会在下面几章中派上用场。

下一章会基于自然语言处理（NLP），介绍如何构建一个聊天机器人。如果你构建的聊天机器人很不错，可以考虑把它加到机器人中，这会是一个很有趣的工具。你甚至可以使用 ROS 来进行开发。

第7章
构建基于文本的对话系统（聊天机器人）

学习目标

阅读完本章之后，你将能够：

- 理解 GloVe、Word2Vec 和词嵌入的概念；

- 构建你自己的 Word2Vec 模型；

- 选择用来创建对话代理的工具；

- 预测对话的意图；

- 创建对话代理。

本章介绍 GloVe、Word2Vec 和词嵌入的概念，以及用来创建对话代理的一些工具。

7.1 简介

深度 NLP 的最新趋势之一是创建对话代理，也称为聊天机器人。聊天机器人是一种**基于文本的对话系统**，可以理解人类的语言，并与人进行真正的对话。许多公司利用这种系统来和顾客互动，从而获取信息和反馈，例如对新产品的看法。

聊天机器人也可以用作助理，例如 Siri、Alexa 和 Google Home，它们能够提供关于天气或者交通情况的实时信息。

那么，机器人是如何理解我们的呢？前面几章已经介绍过语言模型（LM）及其工作原理，LM 中最重要的问题是词语在句子中的位置。根据句子中已经存在的词语的不同，每个词语有一定的概率会在该句子中出现。然而，概率分布的方法不是很适合这个任务，因为这个任务需要的是理解含义，从而让模型理解给定语料库中一个词语的含义，而不是预测下一个出现的词语。

一个词语只有放在一个上下文或者语料库之中才有更准确的含义。理解句子的含义是一件非常重要的事情，而句子的含义又是由其结构（即句子中词语的位置）所决定的，所以模型会根据每个词语附近的词语来预测该词语的含义。那么，如何在数学上描述这个想法呢？

第 4 章介绍了使用独热编码向量表示词语的方法，这种向量由 1 和 0 构成。然而，这种表示无法提供词语的实际含义，例如：

- Dog -> [1,0,0,0,0,0]；
- Cat -> [0,0,0,0,1,0]。

狗和猫都是动物，但如果用 1 和 0 来表示这两个词，就无法体现出任何与词语含义相关的信息。

然而，如果这些向量能够体现出两个词语在含义上的相似度呢？两个含义相似的词语在平面中会处在相近的位置，而两个没有联系的词语则不会这样。例如，一个国家的名字和它的首都的名字就是有联系的。

使用这个方法，可以将一组句子和一个谈话意图或者某个具体话题（又称为意图，本章将会使用"意图"这个术语）联系起来。使用这种系统，就能够和人进行智能的对话了。

对话的意图即对话的主题，例如，如果你正在谈论一场皇马和巴萨的比赛，那么对话的意图就是足球。

本章稍后的部分会对将词语表示为向量的基本概念进行回顾，然后介绍如何创建这样的向量，并使用它们识别对话意图。

7.2　向量空间中的词表示

本节会介绍一些不同的架构，用来计算语料库中词语的连续向量表示，这些表示取决于词语在含义上的相似度。此外，本节还会介绍一个新的 Python 库——Gensim，用来完成这个任务。

7.2.1　词嵌入

词嵌入是一组技术和方法，用来将语料库中的词和句子映射为向量或者实数。词嵌入根据每个词语出现的上下文，为该词语生成一个表示。词嵌入的主要任务是对一个具有和词数相同的维度数的空间进行降维，将其转换为一个连续向量空间。

为了更好地理解这个概念，下面来看一个示例。想象一下，有两个相似的句子，例如：

- I am good；

- I am great。

下面将这两个句子编码为独热向量，会得到：

- I -> [1,0,0,0]；

- Am -> [0,1,0,0]；

- Good -> [0,0,1,0]；

- Great -> [0,0,0,1]。

这两个句子（从含义的角度来说）是相似的，因为 great 和 good 的含义相似。但如何度量这两个词语之间的相似度呢？这两个词语分别由两个向量表示，下面计算这两个向量之间的余弦相似度。

7.2.2 余弦相似度

余弦相似度用于度量两个向量之间的相似度。顾名思义，该方法计算两个句子之间角度的余弦值，其公式如下所示。

$$similarity = \cos(\theta) = \frac{A \cdot B}{\|A\|\|B\|}$$

其中，*A* 和 *B* 是向量。对于前一个示例，如果计算 good 和 great 之间的相似度，得到的结果会是 0，因为独热编码的向量之间是相互独立的，没有在同一维度上的投影（也就是说，这些向量只在一个维度上取 1，在其他维度上都取 0）。

没有投影的维度如图 7.1 所示。

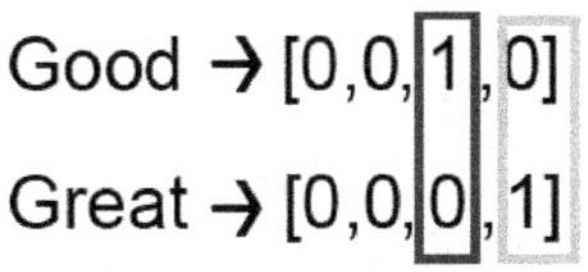

Good → [0,0,1,0]
Great → [0,0,0,1]

图 7.1　没有投影的维度

词嵌入解决了这个问题。有很多技术可以表示词嵌入，但这些技术都是无监督学习算法。Word2Vec 模型是其中最有名的方法之一，下面进行介绍。

7.2.3 Word2Vec

Word2Vec 的主要目标是生成词嵌入。Word2Vec 会处理一个语料库，然后对语料库中的每个独特的词语赋予一个向量，但这个向量和独热编码不同。例如，如果有一个包含 10000 个词语的语料库，那么使用独热编码得到的向量就会有 10000 个维度，而 Word2Vec 能够进行降维，一般会得到几百个维度。

Word2Vec 的核心思想是，词语的含义由经常出现在该词语附近的词所表示。当一个词语出现在一句话中时，其上下文即是该词语附近的一组词语，这组词语出现在一个固定大小的窗口中。

图 7.2 所示为 w_x 的上下文词语的一个示例。

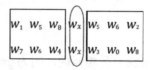

图 7.2　w_x 的上下文词语

Word2Vec 的概念是由托马斯·米科洛夫（Tomas Mikolov）于 2013 年提出的，他提出了一个用来学习词向量的框架。这个方法的工作原理是，在一个语料库中迭代，一组一组地取词语，包括中心词语（在图 7.3 中是 w_x）和上下文词语（在图 7.3 中是黑色方框中的词语），在这个过程中不断更新这些词语的向量表示，直到对语料库的迭代结束。

有以下两种执行 Word2Vec 的方法。

* Skip-Gram 模型：在这个模型中，输入的是中心词语，用来预测上下文词语。

* CBOW 模型：这个模型的输入是上下文词语的向量，输出是中心词语。

两个模型的表示如图 7.3 所示。

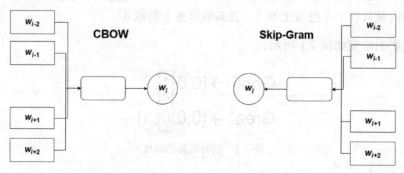

图 7.3　CBOW 和 Skip-Gram 模型的表示

这两种模型都可以获得很好的结果，但 Skip-Gram 模型在少量数据上运行得更好。在生成 Word2Vec 的过程中，我们不会对这些模型的细节进行展开，而是会使用本章介绍的 Gensim 库。

7.2.4 Word2Vec 的问题

使用 Word2Vec 在向量空间中对词语进行表示有很多好处，例如可以改善任务的性能、可以捕捉到复杂的词含义。但 Word2Vec 也不完美，确实存在一些问题。

- 统计量使用的效率低：该方法捕捉词的共现（co-occurrence），每次捕捉一个共现。问题在于，训练语料库中不存在共现关系的词，可能会在空间中靠得更近（这可能会造成歧义），因为模型无法表示它们之间的关系。
- 需要修改模型的参数：如果语料库的大小发生了改变的话，就需要重新训练模型，会花很多时间。

在深入讨论如何解决 Word2Vec 的这些问题之前，先介绍一下 Gensim，这是一个用来创建 Word2Vec 模型的库。

7.2.5 Gensim

Gensim 是一个 Python 库，提供了各种 NLP 方法。它不像 NLTK 或者 spaCy，致力于数据的预处理和分析。Gensim 则提供了处理（无结构的）原始文本的方法。

Gensim 的优点如下。

- 可以应用在非常大的语料库上。Gensim 具有内存独立性，即语料库不需要存储在计算机的 RAM 中。此外，Gensim 还使用内存共享技术来存储训练的模型。
- 提供了高效的向量空间算法，例如 Word2Vec、Doc2Vec、LSI 和 LSA 等。
- API 易于学习。

Gensim 的缺点如下。

- 没有提供文本预处理的方法，需要使用 NLTK 或者 spaCy 来获得一个完整的 NLP 流水线。

7.2.6 练习 24：创建词嵌入

本练习会使用 Gensim 在一个小型语料库上创建词嵌入。完成模型的训练之后，会在一个二维平面上输出词嵌入，检查词的分布。

Gensim 提供了对一些参数进行修改的可能性，从而可以在我们的数据上更好地进行训练。下面展示了一些常用的参数。

- Num_features：代表向量的维度（维度数量越大就意味着准确度越高，但计算成本也会越高）。本练习会将其设置为 2（二维向量）。

- Window_size：代表固定窗口的大小，用来包括词语的上下文。由于本练习使用的语料库很小，因此这里将该参数设置为 1。

- Min_word_count：最小词语数的阈值。

- Workers：计算机并行运行的线程数量。对本练习的语料库大小来说，一个线程就足够了。

下面开始练习。

1. 导入所需库。本练习会用到 Gensim 中的 Word2Vec 模型：

```
import nltk
import gensim.models.word2vec as w2v
import sklearn.manifold
import numpy as np
import matplotlib.pyplot as plt
import pandas as pd
```

2. 定义一个很小的语料库：

```
corpus = ['king is a happy man',
          'queen is a funny woman',
          'queen is an old woman',
          'king is an old man',
          'boy is a young man',
          'girl is a young woman',
          'prince is a young king',
          'princess is a young queen',
          'man is happy,
          'woman is funny,
          'prince is a boy will be king',
          'princess is a girl will be queen']
```

3. 使用第 3 章中介绍过的 spaCy，对每个句子进行词例化：

```
import spacy
import en_core_web_sm
```

```
nlp = en_core_web_sm.load()
def corpus_tokenizer(corpus):
    sentences = []
    for c in corpus:
        doc = nlp(c)
        tokens = []
        for t in doc:
            if t.is_stop == False:
                tokens.append(t.text)
        sentences.append(tokens)
    return sentences

sentences = corpus_tokenizer(corpus)
sentences
```

4. 定义一些变量，用来创建 Word2vec 模型：

```
num_features=2
window_size=1
workers=1
min_word_count=1
```

5. 使用 Word2Vec 方法创建模型，并将随机种子设置为 0（随机种子是用来初始化模型权重的值，推荐使用同样的种子，以确保得到同样的结果）：

```
model = w2v.Word2Vec(size=num_features, window=window_
size,workers=workers,min_count=min_word_count,seed=0)
```

6. 使用语料库来构建词汇表（vocabulary）。为了训练模型，需要先获得一个词汇表：

```
model.build_vocab(sentences)
```

7. 训练模型。这里用到的参数是语料库中的句子、总词数和周期数。在本练习中，将周期设置为 1 即可：

```
model.train(sentences,total_words=model.corpus_count,epochs=1)
```

8. 计算两个词语的相似度：

```
model.wv['king']
model.wv.similarity('boy', 'prince')
```

结果如图 7.4 所示。

$$0.51534927$$

图 7.4 计算两个词语相似度的结果

9. 为了输出模型，下面定义一个包含语料库中的词语的变量，以及一个包含每个词语的向量的数组：

```
vocab = list(model.wv.vocab)
X = model.wv[vocab]
```

10. 使用 pandas，为这些数据创建一个 DataFrame：

```
df = pd.DataFrame(X, index=vocab, columns=['x', 'y'])
df
```

结果如图 7.5 所示。

	x	y
king	0.226001	0.157115
happy	0.077709	-0.038870
man	-0.116079	0.201718
queen	0.191457	-0.091864
funny	-0.055580	-0.144365
woman	0.219265	-0.029579
old	0.093730	-0.247204
boy	-0.012580	-0.033429
young	0.140921	-0.030701
girl	0.221080	-0.238233
prince	0.142078	-0.179534
princess	-0.097676	-0.031869

图 7.5 各个向量的坐标

11. 创建一个图，在平面上标出每个词语的位置：

```
fig = plt.figure()
ax = fig.add_subplot(1, 1, 1)

for word, pos in df.iterrows():
    ax.annotate(word, pos)

ax.scatter(df['x'], df['y'])
plt.show()
```

结果如图 7.6 所示。

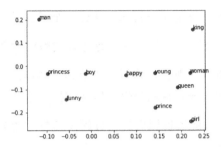

图 7.6　Word2Vec 模型中各个词语的位置

可以使用两个维度来表示词语。如果语料库更小，那么只需要测量两个词语之间的距离，就可以找到这两个词语在含义上的相似度。

至此，你已经学会如何训练自己的 Word2Vec 模型了。

7.2.7　全局向量（GloVe）

全局向量（Global Vector，GloVe）是一个词表示模型，工作原理与 Word2Vec 模型类似，但为了追求更高的效率，新增了一些特性。

在学习这个模型之前，先看看用来创建词向量的一些其他方式。

能够用于无监督学习算法的第一个信息来源是词语在语料库中的出现统计，所以可以直接捕捉词语的共现次数。为了获得这个信息，不需要使用经过处理的方法，只需要文本数据就足够了。

通过创建共现矩阵（co-occurrence matrix）X，以及一个固定大小的窗口，可以获得词语的新表示。例如，对于下面这个语料库：

- I am Charles；

- I am amazing；

- I love apples。

一个基于窗口的共现矩阵如图 7.7 所示。

	I	Am	Charles	amazing	Love	Apples
I	0	2	0	0	1	0
Am	2	0	1	1	0	0
Charles	0	1	0	0	0	0
Amazing	0	1	0	0	0	0
Love	1	0	0	0	0	1
Apples	0	0	0	0	1	0

图 7.7　一个基于窗口的共现矩阵

这个共现矩阵很好理解，就是在语料库中统计一个词在另一个词旁边出现的次数。

例如，在第一行，对于"I"这个词，"am"这个词的数值为 2，因为出现了两次"I am"。

这种表示对独热编码进行了改善，可以捕捉到语义和语法信息，但也存在一定问题，例如模型的规模有限制、词汇表具有稀疏性，以及该模型总体的健壮性较低。

在本例中，上述问题可以通过使用奇异值分解（**SVD**）（在第 3 章中介绍过）对矩阵进行降维得到解决，公式如下：

A = USVT

这样做会获得很好的结果，得到合理的词表示。但对大型语料库来说，这仍然是个问题。

GloVe 方法解决了 Word2Vec 模型在以下两方面的问题。

- 在语料库发生变化时，训练模型的总时间减少了。

- 高效利用了统计量。对于在语料库中出现次数不是很多的词来说，GloVe 的效果更好。Word2Vec 则存在这个问题，即不常见的词会具有相似的向量。

GloVe 在以上两个方面，实现了更快的训练速度。该模型在大型语料库的规模化上拥有不错的效果，并且可以在较小的向量上实现更好的性能。

该模型是斯坦福大学创建的一个开源项目。

下面的练习会介绍 GloVe 的使用方法。

7.2.8　练习 25：使用预训练的 GloVe 模型观察词语在平面上的分布

本练习会介绍如何使用 GloVe，以及如何把模型绘制在一个区域上。本练习会继续使用 Gensim 库。

需要从配套资源的 Lesson07/Exercise25-26 的 utils 文件夹中获取一个 txt 格式的文件（一个 50 维的模型）。

1. 打开 Google Colab。

2．为本书创建一个文件夹，找到 Lesson07/Exercise25-26 中的 utils 文件夹，然后上传到新创建的文件夹中。

3．导入 drive 并挂载：

```
from google.colab import drive
drive.mount('/content/drive')
```

4．首次挂载 drive 时，需要单击 Google 提供的 URL 来获取验证码，然后输入验证码并按 Enter 键，如图 7.8 所示。

```
[1]  from google.colab import drive
     drive.mount('/content/drive')

⊏→   Go to this URL in a browser: ▓▓▓▓▓▓▓▓▓▓▓▓▓▓▓▓▓▓▓▓▓▓▓▓▓▓▓▓▓▓▓▓▓▓▓▓▓▓▓▓▓▓▓▓▓▓▓▓▓▓

     Enter your authorization code:
     ··········
     Mounted at /content/drive
```

图 7.8　Google Colab 验证步骤

5．drive 挂载完成之后，需要设置文件夹的路径：

```
cd /content/drive/My Drive/C13550/Lesson07/Exercise25/
```

> 根据你在 Google Drive 上的具体设定，实际路径可能
> 会和步骤 5 中提到的不同，但一定会以/content/drive
> /My Drive 开头。

目标文件夹中一定要包含 utils 文件夹。

6．导入所需库：

```
from gensim.scripts.glove2word2vec import glove2word2vec
from gensim.models import KeyedVectors
import numpy as np
import pandas as pd
```

7．使用 Gensim 提供的 glove2word2vec 函数创建 word2vec 模型：

```
glove_input_file = 'utils/glove.6B.50d.txt'
word2vec_output_file = 'utils/glove.6B.50d.txt.word2vec'
glove2word2vec(glove_input_file, word2vec_output_file)
```

> 在本练习中，glove.6B.50d.txt 文件位于配套资源的
> Lesson07/Exercise25-26 的 utils 文件夹中，如果你放在
> 了别的地方，就需要相应地改变路径。

8. 使用 glove2word2vec 函数生成的文件来初始化模型：

```
filename = 'utils/glove.6B.50d.txt.word2vec'
model = KeyedVectors.load_word2vec_format(filename, binary=False)
```

9. 使用 GloVe 可以测量一组词之间的相似度。通过计算两个词之间的相似度并输出一个词向量，可以检查模型是否有效：

```
model.similarity('woman', 'queen')
```

结果如图 7.9 所示。

0.60031056

图 7.9 woman 和 queen 两个词之间的相似度

10. "练习 24"中手动创建了词向量，但在这个练习中，词向量是已经创建好的。若想查看一个词的向量，只需要使用以下方法：

```
model['woman']
```

结果如图 7.10 所示。

```
[-1.8153e-01  6.4827e-01 -5.8210e-01 -4.9451e-01  1.5415e+00  1.3450e+00
 -4.3305e-01  5.8059e-01  3.5556e-01 -2.5184e-01  2.0254e-01 -7.1643e-01
  3.0610e-01  5.6127e-01  8.3928e-01 -3.8085e-01 -9.0875e-01  4.3326e-01
 -1.4436e-02  2.3725e-01 -5.3799e-01  1.7773e+00 -6.6433e-02  6.9795e-01
  6.9291e-01 -2.6739e+00 -7.6805e-01  3.3929e-01  1.9695e-01 -3.5245e-01
  2.2920e+00 -2.7411e-01 -3.0169e-01  8.5286e-04  1.6923e-01  9.1433e-02
 -2.3610e-02  3.6236e-02  3.4488e-01 -8.3947e-01 -2.5174e-01  4.2123e-01
  4.8616e-01  2.2325e-02  5.5760e-01 -8.5223e-01 -2.3073e-01 -1.3138e+00
  4.8764e-01 -1.0467e-01]
```

图 7.10 woman 的向量表示（50 维）

11. 还可以查看与某个词最相似的词。正如在第 4 步和第 5 步中看到的，GloVe 拥有很多与词表示相关的功能：

```
model.similar_by_word(woman)
```

结果如图 7.11 所示。

```
[('girl', 0.906528115272522),
 ('man', 0.8860336542129517),
 ('mother', 0.8763704299926758),
 ('her', 0.8613135814666748),
 ('boy', 0.8596119284629822),
 ('she', 0.8430695533752441),
 ('herself', 0.8224567770957947),
 ('child', 0.8108214139938354),
 ('wife', 0.8037394285202026),
 ('old', 0.7982393503189087)]
```

图 7.11 与 woman 最相似的词

12. 使用 SVD 对高维度数据进行可视化，绘制出与 woman 最相似的词。导入所需库：

```
from sklearn.decomposition import TruncatedSVD
import pandas as pd
import matplotlib.pyplot as plt
```

13. 初始化一个 50 维的数组，然后加入 woman 的词向量。为了进行降维，下面创建一个矩阵，矩阵的每一行对应每个词的向量：

```
close_words=model.similar_by_word('woman')

arr = np.empty((0,50), dtype='f')
labels = ['woman']
#包含了最相似的词的向量的数组
arr = np.append(arr, np.array([model['woman']]), axis=0)
print("Matrix with the word 'woman':\n", arr)
```

结果如图 7.12 所示。

```
Matrix with the word 'woman':
 [[-1.8153e-01  6.4827e-01 -5.8210e-01 -4.9451e-01  1.5415e+00  1.3450e+00
  -4.3305e-01  5.8059e-01  3.5556e-01 -2.5184e-01  2.0254e-01 -7.1643e-01
   3.0610e-01  5.6127e-01  8.3928e-01 -3.8085e-01 -9.0875e-01  4.3326e-01
  -1.4436e-02  2.3725e-01 -5.3799e-01  1.7773e+00 -6.6433e-02  6.9795e-01
   6.9291e-01 -2.6739e+00 -7.6805e-01  3.3929e-01  1.9695e-01 -3.5245e-01
   2.2920e+00 -2.7411e-01 -3.0169e-01  8.5286e-04  1.6923e-01  9.1433e-02
  -2.3610e-02  3.6236e-02  3.4488e-01 -8.3947e-01 -2.5174e-01  4.2123e-01
   4.8616e-01  2.2325e-02  5.5760e-01 -8.5223e-01 -2.3073e-01 -1.3138e+00
   4.8764e-01 -1.0467e-01]]
```

图 7.12 woman 对应的矩阵值

14. 现在 woman 已经在矩阵中了，还需要加入每个相似词的向量。将其他向量也加入矩阵中：

```
for w in close_words:
    w_vector = model[w[0]]
    labels.append(w[0])
    arr = np.append(arr, np.array([w_vector]), axis=0)
arr
```

获得的矩阵如图 7.13 所示。

```
Matrix with every word representation:
 [[-0.18153   0.64827  -0.5821   ... -1.3138    0.48764  -0.10467 ]
 [-0.34471   0.69563  -0.78086  ... -1.327     0.37319   0.022389]
 [-0.094386  0.43007  -0.17224  ... -0.97925   0.53135  -0.11725 ]
 ...
 [ 0.30459   0.40631  -0.37512  ... -1.1695    0.33096   0.46469 ]
 [ 0.57651   1.1396   -0.21861  ... -2.0724    0.232     0.37039 ]
 [-0.48533   0.98378  -0.29031  ... -0.95943   0.03837  -0.73304 ]]
```

图 7.13 包含了和 woman 向量最相似的向量的矩阵

15. 向矩阵添加了所有向量之后，下面初始化 TSNE 方法，这是 Sklearn 的一个函数：

```
svd = TruncatedSVD(n_components=2, n_iter=7, random_state=42)
svdvals = svd.fit_transform(arr)
```

16. 将矩阵变换为由二维向量组成的矩阵，然后保存在使用 pandas 创建的一个 DataFrame 中：

```
df = pd.DataFrame(svdvals, index=labels, columns=['x', 'y'])
df
```

结果如图 7.14 所示。

	x	y
woman	5.285012	0.626705
girl	5.152245	1.136314
man	4.645061	1.539196
mother	5.343125	-0.823005
her	5.668540	-1.124574
boy	4.728274	1.666479
she	5.222071	-1.117105
herself	4.178489	-1.411256
child	4.677279	-0.202067
wife	4.980629	-1.560086
old	4.398833	1.972819
girl	5.152245	1.136313
man	4.645061	1.539196
mother	5.343125	-0.823005
her	5.668540	-1.124574
boy	4.728274	1.666479
she	5.222071	-1.117105
herself	4.178489	-1.411256
child	4.677280	-0.202067
wife	4.980628	-1.560086
old	4.398833	1.972819

图 7.14　二维向量的坐标

17. 在平面中绘制这些词：

```
fig = plt.figure()
ax = fig.add_subplot(1, 1, 1)
```

```
for word, pos in df.iterrows():
    ax.annotate(word, pos)

ax.scatter(df['x'], df['y'])
plt.show()
```

结果如图 7.15 所示。

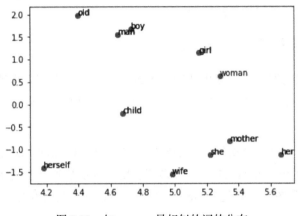

图 7.15　与 woman 最相似的词的分布

18．这样就降低了向量的维度，并在二维平面上绘制了输出结果。可以看到各个词之间的相似度关系。

至此，练习 25 就完成了。你现在可以选择使用自己的 word2vec 模型或者 GloVe 模型了。

7.3　对话系统

聊天机器人正在变得越来越流行，它们可以随时随地为人类提供帮助，无论是回答问题，还是简单地进行对话。对话系统可以理解话题、提供合理的回答，并检测人类在对话中的情感（例如积极、中性或者消极的情感）。这种系统的主要目标是通过模仿人类来进行自然的对话。为了确保对话中良好的用户体验，最重要的因素之一是能够拥有类似于人类的行为和思考方式。勒布纳奖（Loebner Prize）是一个聊天机器人大赛，在这个大赛中，聊天机器人会进行很多不同句子和问题的测试，其中最像人类的聊天机器人获胜。Mitsukul 聊天机器人是非常流行的对话代理之一。

聊天机器人通常是一种为用户提供信息的文本服务。例如，Lola 是西班牙最流行的对话代理之一，它可以为你提供星座信息，你只需要发送一条消息，等上几秒，然后接收数据就可以了。苹果公司在 2011 年开发了 Siri—— 一个能够理解语音的虚拟助理，现在又有了亚马逊的 Alexa 和 Google Assistant。根据系统输入类型的不同，可以将对话代理分为两类：**语音对话系统和基于文本的对话系统**。本章稍后会进行介绍。

对话代理的这种分类方式不是唯一的。根据知识类型的不同，可以将对话代理划分为面向目标和开放领域这两类，本章稍后也会介绍这种分类方式。

事实上，有很多工具可以用来在几分钟之内创建你自己的聊天机器人。不过，本章会介绍如何从零开始创建所需的系统知识。

7.3.1　聊天机器人的开发工具

聊天机器人能够为许多企业提供帮助。不过，要创建一个聊天机器人，需要具备深度 NLP 的知识吗？多亏了以下工具，一个不具备任何深度 NLP 知识的人也可以在几小时之内创建一个聊天机器人。

- Dialogflow：它可以轻松创建一个自然语言对话。Dialogflow 是谷歌旗下的一家开发商，提供了语音和对话接口。该系统利用谷歌的机器学习技术来找到与用户的对话中匹配的意图，并且是在 Google Cloud Platform 上部署的，支持超过 14 种语言和多个平台。

- IBM Watson：Watson Assistant 提供了一个用户友好的界面，用来创建对话代理。它的工作原理类似于 Dialogflow，但它是在 IBM Cloud 上部署的，由 IBM Watson 的知识作为后盾。Watson 还提供了一些工具，用来分析对话生成的数据。

- LUIS：语言理解（Language Understanding，LUIS）是微软的一项基于机器学习的服务，用来构建自然语言应用。这个机器人框架在 Azure Cloud 上托管，利用了微软的知识。

上述工具都是一个复杂的 NLP 系统。本章会介绍一个基本方法，使用预训练的 GloVe 来识别消息的意图。聊天机器人的最新趋势是语音助理。上述工具能够帮助你实现一个通过声音控制的聊天机器人。对话代理有很多分类方式。

7.3.2　对话代理的类型

根据输入/输出的数据和知识局限性，可以将对话代理分为几种不同的类型。对一个公司来说，在决定创建一个聊天机器人时，首先是分析使用什么沟通渠道（文本或语音），然后分析对话的主题是什么（对知识有没有限制）。

下面介绍这些不同类型的对话代理及其相应特点。

7.3.2.1 按照输入/输出数据类型分类

基本的聊天机器人使用文本进行交流，语音控制的虚拟助理则与此不同。按照输入/输出的类型，可以将聊天机器人分为以下两种。

- **语音对话系统**（Spoken Dialogue System，SDS）：这种模型旨在使用语音进行控制，没有聊天界面或者键盘，而是使用麦克风和扬声器。这种系统比普通的聊天机器人更难开发，因为它们的组成模块不同，如图 7.16 所示。

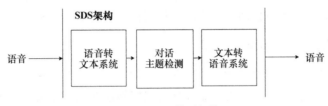

图 7.16 SDS 模型架构

图 7.17 展示了 SDS 的各个模块。SDS 的出错概率较高，因为语音转文本系统需要把人类的语音转换为文本，这一步可能会出错。一旦语音转换为了文本，对话代理就可以识别对话的意图，然后返回一个答复。在返回答复之前，对话代理会将答复转换为语音。

- **基于文本的对话系统**：和 SDS 不同，基于文本的对话系统是基于聊天界面的，用户通过键盘和屏幕与聊天机器人交互。本章会创建一个基于文本的聊天机器人。

7.3.2.2 按照系统知识分类

根据聊天机器人能否使用其知识成功对所有种类的消息进行回复，或者是否只能回答一组特定的问题，可以将对话代理分为以下几种类型。

- **封闭领域型或者目标导向型**（Goal-Orientation，GO）：该模型被训练为能够识别一组意图，聊天机器人只能理解与这些话题相关的句子。如果对话代理无法识别意图（本章"简介"一节对意图进行了介绍），则会返回一个预定义的句子。
- **开放领域型**：不是所有聊天机器人都有一组定义好的意图，如果系统可以使用 NLG 技术和其他数据资源来回答所有类型的句子，那么就属于开放领域模型。相比 GO 模型，这种模型的架构更难构建。
- **混合领域型**：这是前两种模型的结合，根据句子的不同，聊天机器人可能有、也可能没有预定义的答复（与许多答复相关联的意图）。

7.3.3　创建基于文本的对话系统

目前为止，本章已经介绍了对话代理的不同类型，以及对话代理选择或生成答复的方式。还有很多其他构建对话代理的方式，NLP 也提供了很多其他的方法来实现这个目标。例如，seq2seq（序列到序列）模型可以用来找到给定问题的答案。此外，深度语言模型可以基于语料库来生成答复。也就是说，如果聊天机器人拥有一个对话语料库，就可以进行对话。

本章会使用斯坦福大学的 GloVe 模型构建一个聊天机器人。“练习 26”会简短地介绍用到的技术，本章的项目则会创建一个用来控制机器人的对话代理。

7.3.3.1　范围定义和意图创建

我们要创建的对话代理是基于文本的对话系统，并且是目标导向的。因此，我们会使用键盘和聊天机器人交互，并且它只能理解与我们创建的意图相关的句子。

在开始创建意图之前，需要先明白聊天机器人的主要目标是什么（维持一般对话，控制一个设备并获取信息），以及用户可能会问哪些类型的问题。

分析了聊天机器人可能进行的对话之后，就可以创建意图了。每个意图都会是一个文本文件，包含几个训练句子，这些训练句子是用户可能与聊天机器人进行的交互。把这些句子定义好是一件非常重要的事情，因为如果不同的意图中包含两个相似的句子，聊天机器人就可能会匹配到错误的意图。

> TIP 通过对聊天机器人可能进行的对话进行良好的分析，可以让意图的定义更为容易。显然，聊天机器人无法理解一个用户可能说的全部句子，但必须能够识别与我们的意图相近的句子的含义。

系统中还会包含一个文件，其名称和意图文件的名称相同，但不包含训练句子，而包含和意图相关的答复，如图 7.17 所示。

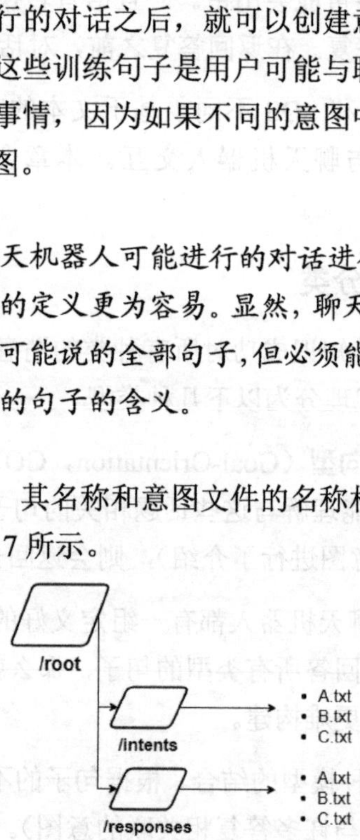

图 7.17　系统的文件结构

从图 7.18 中可以看到聊天机器人的结构。意图和答复文件的扩展名是.txt，但你也可以把它们保存为.json。

7.3.3.2　用于意图检测的 GloVe

本章开头介绍了词嵌入、Word2Vec 和 GloVe 的基本知识。GloVe 使用一个实数向量来表示每个词，这些向量可以在各种应用中用作特征。但对于本例"构建一个对话代理"来说，我们会使用完整的句子来训练聊天机器人，而不是只用词。

聊天机器人需要理解，整个句子会表示为一组由向量表示的词。这种将序列表示为向量的方法称为 seq2vec。对话代理会将用户的句子和每个意图训练句子做比较，找到最相似的含义。

有一些向量代表序列，并且这些序列在和意图相关的文件中。如果通过上述过程将所有代表序列的向量合并为一个向量，就得到了意图的表示。主要的想法不是只将一个句子表示为一个向量，而是将整个文档表示为一个向量，这称为 Doc2Vec。使用这种方法，在用户与聊天机器人交互时，聊天机器人就可以找到用户语句的意图。

图 7.18 所示为系统最终的文件结构。

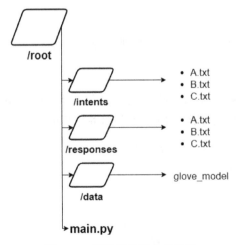

图 7.18　系统最终的文件结构

名为 main.py 的文件会包含一些不同的方法，使用/data 下的 GloVe 模型来分析输入句子，通过创建文档向量来进行用户句子与意图之间的匹配。

图 7.19 所示为将一组句子变换为向量的过程，这个向量代表一个文档。在本例中，A.txt 文件是一个包含 3 个句子的意图，每个句子包含 3 个词，所以每个句子包含 3 个向量。将这些向量结合在一起，就得到了每一组词的表示，从而得到了文档向量。

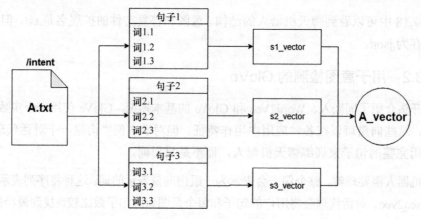

图 7.19　Doc2Vec 变换

通过使用将句子转换为向量的方法，可以将文档向量与一组向量进行对比。在用户与聊天机器人交互时，用户的句子会被转换为 seq2vec，然后与每个文档向量进行对比，从而找到一个最相似的向量。

7.3.4　练习 26：创建第一个对话代理

在进行练习 25 的文件夹中进行练习 26。

本练习会创建一个理解基础对话的聊天机器人，涉及意图和答复的定义、将文本转换为向量、表示一个文档，以及将用户句子和意图进行匹配。

在开始本练习前，请查看 Google Colab 上的文件结构，如图 7.20 所示。

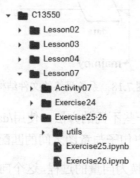

图 7.20　练习 26 的文件结构

Ecercise26.ipynb 文件就是之前遇到过的 main.py 文件，而 utils 文件夹中的文件结构和练习 25 中的相同，如图 7.21 所示。

图 7.21 练习 26 的文件夹结构（2）

responses 文件夹中的文件包含聊天机器人在与用户交互时可以输出的语句，而 training 文件夹则是使用句子定义意图的地方。为了获得每个词的向量，下面使用斯坦福大学的 5 维 GloVe 模型。

1．定义各个意图和相应的答复。作为一个入门练习，下面定义 3 个意图，分别为欢迎、问候、告别，然后创建一些（由逗号分隔开的）相关句子。

- "欢迎"训练句子"Hi friend, Hello, Hi, Welcome"。
- "告别"训练句子"Bye, Goodbye, See you, Farewell, Have a good day"。
- "问候"训练句子"How are you? What is going on? Are you okay?"。

2．创建了这些意图之后，还需要创建答复。下面创建 3 个文件，名字和意图文件的相同，然后添加答复。

- "欢迎"答复"Hello! Hi"。
- "问候"答复"I'm good! Very good my friend :)"。
- "告别"答复"See you! Goodbye!"。

3．导入 drive 并挂载：

```
from google.colab import drive
drive.mount('/content/drive')
```

4．首次挂载 drive 时，需要单击 Google 提供的 URL 来获取验证码，然后输入验证码并按 Enter 键，如图 7.22 所示。

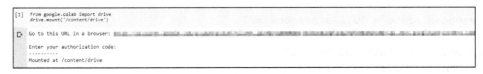

图 7.22 Google Colab 验证步骤

5．drive 的挂载完成之后，需要设置文件夹路径：

```
/content/drive/My Drive/C13550/Lesson07/Exercise25-26
```

6．导入所需库：

```
from gensim.scripts.glove2word2vec import glove2word2vec
from gensim.models import KeyedVectors
import numpy as np
from os import listdir
```

7．使用 spaCy 对句子进行词例化，去除其中的标点。下面创建一个函数，用来对文档中的每个句子进行词例化。本练习会通过将词向量结合为一个向量来获得 Doc2vec。这就是为什么要对整个文档进行词例化，并返回一个包含全部词例的数组。去除停用词是一种良好实践，但在本练习中不是必要的。该函数的输入是由句子构成的数组：

```
import spacy
import en_core_web_sm
nlp = en_core_web_sm.load()

# 返回一个由不包含标点的词例构成的列表
def pre_processing(sentences):
    tokens = []
    for s in sentences:
        doc = nlp(s)
        for t in doc:
            if t.is_punct == False:
                tokens.append(t.lower_)
    return tokens
```

8．加载 GloVe 模型：

```
filename = 'utils/glove.6B.50d.txt.word2vec'
model = KeyedVectors.load_word2vec_format(filename, binary=False)
```

9．创建两个列表，分别包含意图文件和答复文件的名称：

```
intent_route = 'utils/training/'
response_route = 'utils/responses/'

intents = listdir(intent_route)
responses = listdir(response_route)
```

10. 创建一个函数，该函数返回一个代表文档的 100 维向量，接收的输入是由文档的词例构成的列表。首先需要初始化一个 100 维的空向量，然后将每个词向量相加，再除以词例化之后的文档长度：

```
def doc_vector(tokens):
    feature_vec = np.zeros((50,), dtype="float32")
    for t in tokens:
        feature_vec = np.add(feature_vec, model[t])
    return np.array([np.divide(feature_vec,len(tokens))])
```

11. 把每个意图文件（在 training 文件夹中）准备好，对它们进行词例化，然后创建由每个文档向量构成的数组：

```
doc_vectors = np.empty((0,50), dtype='f')
for i in intents:
    with open(intent_route + i) as f:
        sentences = f.readlines()
    sentences = [x.strip() for x in sentences]
    sentences = pre_processing(sentences)
    # 将文档向量添加到 doc_vectors 数组中
    doc_vectors=np.append(doc_vectors,doc_vector(sentences),axis=0)
print("Vector representation of each document:\n",doc_vectors)
```

结果如图 7.23 所示。

```
Vector representation of each document:
 [[ 0.14770724  0.5464866  -0.16015846 -0.24245347  0.4202002  -0.2871844
  -0.5529633   0.30648416 -0.26304525  0.18462633 -0.37964222  0.19630247
  -0.21136111  0.12203988  0.75448555  0.05365466 -0.05886668 -0.10289577
  -0.3150087  -0.45763    -0.20689546  0.3401133   0.29135    -0.04262844
   0.5196933  -1.4245243  -0.69796884  0.24098887  0.38095883 -0.5922744
   2.7514176   0.62179    -0.4912156   0.33274615 -0.03507556 -0.10477156
   0.31766444  0.00739434  0.03692211 -0.5429275  -0.12317456  0.00449314
  -0.32877222  0.06327023  0.24757276  0.11004833  0.02727033 -0.14340179
  -0.13737655  0.21054223]
 [ 0.4196458   0.0582203   0.070118   -0.19546    0.5108501  -0.11875646
  -0.42002162 -0.13416906 -0.2159363   0.05899461 -0.18535121  0.418683
  -0.3417599   0.0096156   0.76261395  0.588184    0.431321    0.10539579
   0.062165   -0.77512705 -0.25137132  0.27534202  0.58613455  0.3648346
   0.562019   -1.6857541  -0.71831906  0.32524487  0.6571264  -0.8581694
   3.482656    0.483389   -0.32676098 -0.30277604 -0.02907473 -0.1763092
   0.1080915   0.11137016  0.13628599 -0.2416279  -0.29227847  0.0148172
   0.0974369   0.5345739   0.0803531   0.1533238  -0.0486946   0.02074
  -0.0445253   0.45075902]
 [-0.210398    0.681284   -0.0209552   0.21781997 -0.09973179 -0.7236999
  -0.336274   -0.043084   -0.37596998  0.545413    0.09762941  0.38618582
  -0.03290399  0.06879841  0.40217882  0.263802   -0.152566    0.394126
   0.24254799  0.05827668  0.0648665   0.44991398 -0.0497896   0.24755399
   0.54782164 -0.995554   -0.640922    0.04991     0.2009656  -0.79135406
   1.4396639   0.652454   -0.15243599  0.5090066  -0.384622   -0.36758882
   0.07631601 -0.03119398 -0.0378406  -0.44295     0.24170022 -0.019572
   0.11737199 -0.59020996  0.994038   -0.138326   -0.15160021 -0.487186
   0.11172561  0.7248579 ]]
```

图 7.23 由向量表示的文档

12．利用 sklearn 中一个叫作 cosine_similarity 的函数来创建一个函数，用来将一个句子的向量和每个文档向量进行比较，找到最相似的意图：

```
from sklearn.metrics.pairwise import cosine_similarity
def select_intent(sent_vector, doc_vector):
    index = -1
    similarity = -1 #cosine_similarity is in the range of -1 to 1
    for idx,v in zip(range(len(doc_vector)),doc_vector):
        v = v.reshape(1,-1)
        sent_vector = sent_vector.reshape(1,-1)
        aux = cosine_similarity(sent_vector, v).reshape(1,)
        if aux[0] > similarity:
            index = idx
            similarity = aux
    return index
```

13．对聊天机器人进行测试。首先对用户的输入进行词例化，然后使用刚刚定义的函数（select_intent）来找到相关意图：

```
user_sentence = "How are you"

user_sentence = pre_processing([user_sentence])
user_vector = doc_vector(user_sentence).reshape(50,)
intent = intents[select_intent(user_vector, doc_vectors)]
intent
```

结果如图 7.24 所示。

```
Intent farewell.txt: 0.8703819513320923
Intent how_are_you.txt: 0.9822492599487305
Intent welcome.txt: 0.5226621031761169

'how_are_you.txt'
```

图 7.24　预测的文档意图

14．创建一个为用户提供答复的函数：

```
def send_response(intent_name):
    with open(response_route + intent_name) as f:
        sentences = f.readlines()
    sentences = [x.strip() for x in sentences]
    return sentences[np.random.randint(low=0, high=len(sentences)-1)]
send_response(intent)
```

15．使用测试句子检查输出结果：

```
send_response(intent)
```

输出结果会如图 7.25 所示。

图 7.25　问候意图的答复

16．使用许多测试句子来检查系统是否正常工作。

至此，"练习 26"就完成了。现在你可以构建一个用来控制虚拟机器人的对话代理了。正如你在"练习 26"的第 2 步看到的，你需要定义良好的意图。如果在两个不同意图中添加了同样的句子，系统可能就会出错。

7.3.5　项目 7：创建一个用来控制机器人的对话代理

本项目会创建一个拥有许多意图的聊天机器人。和"练习 26"一样，本项目会使用斯坦福大学的 GloVe 模型。本项目会介绍如何创建一个程序，等待用户输入句子，然后在用户与聊天机器人交互时返回一个答复。

场景：你就职于一家安防系统开发公司，这个安防系统是一个机器人，配备了用来观察环境的摄像头，以及用来进行移动的轮子。这个机器人使用文本进行控制，可以输入命令让机器人执行不同的行动。

1．这个机器人可以执行以下行动。

- 前进。

- 后退。

- 右转 45°。

- 左转 45°。

2．找出机器人可以看到的东西。本项目和"练习 26"使用同样的方法完成。为了避免编写重复的代码，chatbot_intro.py 文件包含了以下 4 个基础方法。

- Pre_processing：对句子进行词例化。

- Doc_vector：创建文档向量。

- Select_intent：找到和句子最相关的意图。

- Send_response：发送答复文件夹里的一个句子。

知道了这些方法，核心工作就算完成了。在余下的步骤中，最重要的就是设计意图。

3. 需要开发 4 种不同的活动，但旋转活动有两种不同的类型。下面会定义 5 个意图，每种活动对应一个意图（旋转对应两个意图）。可以使用下面的句子，也可以添加更多的训练句子或者更多的活动。

后退：

```
Move back
Going backward
Backward
Moving backward
```

环境：

```
What can you see?
Environment information
Take a picture
Tell me what you are seeing?
What do you have in front of you?
```

前进：

```
Advance
Move forward
Go to the front
Start moving
Forward
```

左转：

```
Turn to the left
Go left
Look to the left
Turn left
Left
```

右转：

```
Turn to the right
Go right
Look to the right
Turn right
Right
```

可以在 activity/training 文件夹中找到这些文件，如图 7.26 所示。

图 7.26 训练句子文件

 本项目的答案参见附录。

7.4 小结

对话代理又称为聊天机器人，是基于文本的对话系统，能够理解人类的语言，从而与人类进行"真正"的对话。为了很好地理解人类在说什么，聊天机器人需要将对话分为不同的意图，一个意图即一组表示同样含义的句子。按照输入/输出数据的类型和知识的限制，可以将对话代理分为不同类型。这种对含义的表示很不容易，为了拥有支持聊天机器人的足够知识，需要一个庞大的语料库。找到词语的最佳表示方式是一项挑战，而独热编码毫无用处。独热编码的一个主要问题是编码向量的大小，如果语料库中包含 88000 个词，那么生成向量的长度就会是 88000，并且每个词之间没有任何联系。这就是词嵌入能够派上用场的地方了。

词嵌入是一组技术和方法，将语料库中的词和句子映射为向量或者实数。词嵌入会根据一个词出现的上下文，为该词生成一个表示。可以使用 Word2Vec 来生成词嵌入。Word2Vec 先处理一个语料库，然后为语料库中的每个独特的词指定一个向量，并且还可以进行降维，通常会得到几百维的向量。

Word2Vec 的核心思想是，词的含义取决于经常出现在该词附近的词。当一个词出现在一个句子中时，其上下文由附近的一组词组成。可以使用两种算法来实现 Word2Vec：Skip-Gram 和 CBOW。Wor2Vec 的想法是表示词，这很有用，但在效率方面存在问题。GloVe 结合了 Word2Vec 和语料库的统计学信息，将这两种方法结合，实现了快速训练、对庞大语料库的规模化，以及在小向量上实现的更好的性能。使用 GloVe，再结合用来定义意图的训练句子，就能够为聊天机器人赋予知识。

第 8 章会介绍基于预训练模型的物体识别。此外，第 8 章还会介绍计算机视觉中的最新趋势：利用边框识别图像中的各个部分，从而进行物体识别。

第 8 章
利用基于 CNN 的物体识别来
指导机器人

学习目标

阅读完本章之后，你将能够：

- 解释物体识别的工作原理；
- 构建一个能够进行物体识别的神经网络；
- 构建一个物体识别系统。

本章介绍物体识别的工作原理，构建一个能够基于视频进行物体识别的神经网络。

8.1 简介

物体识别（object recognition）是计算机视觉的一个领域，旨在让机器人能够检测环境中的物体。机器人利用摄像头或者传感器从周围环境中提取图像，然后使用软件检测图像中的物体并识别物体类型。通过从传感器捕捉到的图像或者从视频中识别的物体，机器人可以对周围的环境有所了解。

通过利用物体识别技术识别环境并获取信息，机器人可以执行更为复杂的任务，例如物体抓取或者在环境中移动。第 9 章会介绍机器人如何在虚拟环境中执行这些任务。

本章要执行的任务是从图像中检测并识别特定物体。这类计算机视觉问题和本书之前介绍的不太相同。为了识别特定物体，首先需要对这类物体进行标注，然后再训练卷积神经网络，这在第 5 章中进行了介绍，效果还算不错。那么，在进行物体识别之前，如何检测到这些物体呢？

如前所述，希望识别的物体需要被标注为它们所属的类别。因此，为了检测图像中的物体，需要在物体周围画一个长方形的边框，确定它们在图像中的位置，接着神经网络会预测边框内图像部分对应的物体标签。

对物体进行边框标注是一项枯燥而艰苦的工作，所以本书不会展示对数据集中的图像进行边框标注的过程，也不会展示训练神经网络识别并检测这些物体的过程。尽管如此，我们可以在 GitHub 上获取一个叫作 labelImg 的库，这个库可以帮助你对图像中的所有物体创建边框。创建边框之后，即获得了相应的边框坐标，然后就可以训练神经网络来预测边框中包含的图像部分，从而预测图像中每个物体的对应标签。

本章会使用非常先进的 YOLO 神经网络，这个模型可以直接使用，省去自己构建算法的麻烦。

8.2　多物体识别和检测

多物体识别和检测涉及对一个图像中的多个物体进行检测和识别。在该任务中，首先需要对每个物体进行边框标注，然后识别该物体的类型。

有许多预训练的模型能够检测很多物体。YOLO 神经网络是执行该任务的最好模型之一，并且能够实时工作。第 9 章会对 YOLO 进行深入介绍，并用于机器人模拟器的开发。

本章希望使用的 YOLO 神经网络被训练后能够识别和检测 80 种不同类别，包括：

人、自行车、汽车、摩托车、飞机、公共汽车、火车、卡车、船、红绿灯、消防栓、停止标志、停车场收费器、长凳、鸟、猫、狗、马、羊、奶牛、大象、熊、斑马、长颈鹿、背包、雨伞、手提包、领带、手提箱、飞盘、滑雪双板、滑雪单板、球类、风筝、棒球棒、棒球手套、滑板、冲浪板、网球拍、瓶子、酒杯、杯子、叉子、刀子、勺子、碗、香蕉、苹果、三明治、橘子、西兰花、胡萝卜、热狗、比萨饼、甜甜圈、蛋糕、椅子、沙发、盆栽、床、餐桌、马桶、电视、笔记本计算机、鼠标、遥控器、键盘、手机、微波炉、烤箱、烤面包机、水槽、冰箱、书、钟表、花瓶、剪刀、泰迪熊、吹风机、牙刷。

图 8.1 所示为一个 YOLO 检测示例，图中使用 YOLO 检测了街上的行人、汽车和公交车。

图 8.1　YOLO 检测示例（1）

本节会构建一个静态图像的多物体识别和检测系统。

首先会用到 OpenCV 的一个名叫深度神经网络（Deep Neural Network，DNN）的模块，只需要几行代码；然后会使用一个名叫 ImageAI 的库，实现同样的效果，只需要不到 10 行代码，并且可以选择检测和识别的特定物体。

和本书的其他章节一样，为了使用 OpenCV 实现 YOLO，需要使用 OpenCV 来导入图像。

8.2.1　练习 27：构建第一个多物体检测和识别系统

下面会使用 Google Colab，因为这个任务不需要训练模型，只需要使用算法。

本练习会使用 YOLO 和 OpenCV 实现一个多物体检测和识别系统，这个检测和识别系统会接收一个图像作为输入，然后检测并识别图像中的物体，并输出标注检测结果之后的图像。

1. 打开 Google Colab。

2. 导入所需的库：

```
import cv2
import numpy as np
import matplotlib.pyplot as plt
```

3. 使用 blobFromImage 方法，为该网络输入一个图像：

 该图像可以在配套资源中获取：Dataset/obj_det/sample.jpg。

```
image = cv2.imread('Dataset/obj_det/sample.jpg')

Width = image.shape[1]
Height = image.shape[0]
scale = 0.00392
```

下面需要加载数据集的类别，对 YOLO 来说，类别存储在 Models/yolov3.txt 中，可以在配套资源的 Lesson08/Models 文件夹中找到。按照以下方法读取各个类别：

```
# 从文本文件中读取类别名称
classes = None
with open("Models/yolov3.txt", 'r') as f:
    classes = [line.strip() for line in f.readlines()]
```

4. 为不同类别生成不同的颜色：

```
COLORS = np.random.uniform(0, 255, size=(len(classes), 3))
```

5. 读取预训练模型和配置文件：

```
net = cv2.dnn.readNet('Models/yolov3.weights', 'Models/yolov3.cfg')
```

6. 创建一个输入 blob：

```
blob = cv2.dnn.blobFromImage(image.copy(), scale, (416,416), (0,0,0),
True, crop=False)
```

7. 设置网络的输入 blob：

```
net.setInput(blob)
```

使用 DNN 模块中的 readNet 方法来声明网络，并加载 Models/yolov3.weights（网络权重）和 Models/yolov3.cfg（模型的架构）。

 方法、类、权重和架构的相应文件可以在配套资源的 Lesson08/Models 文件夹中获取。

这一步完成之后，只需要执行代码就可以识别和检测图像中的所有物体，下面会进行介绍。

8. 为了获取网络的输出层，声明以下代码中的方法，然后运行接口，获得包含输出层的数组，其中包含了多个检测结果：

```
# 用来获取架构中的输出层名称的函数
def get_output_layers(net):

    layer_names = net.getLayerNames()

    output_layers = [layer_names[i[0] - 1] for i in net.getUnconnectedOutLayers()]

    return output_layers
```

9. 创建一个函数，用来为检测到的物体标出边框和类别名称：

```
def draw_bounding_box(img, class_id, confidence, x, y, x_plus_w, y_plus_h):

    label = str(classes[class_id])

    color = COLORS[class_id]

    cv2.rectangle(img, (x,y), (x_plus_w,y_plus_h), color, 2)

    cv2.putText(img, label + " " + str(confidence), (x-10,y-10), cv2.FONT_HERSHEY_SIMPLEX, 0.5, color, 2)
```

10. 执行以下代码：

```
# 使用网络执行预测
# 从输出层收集预测结果
outs = net.forward(get_output_layers(net))
```

> outs 是一个预测结果数组。在本练习的后面会看到，需要对该数组进行循环，从而得到每个检测的边框、置信度，以及所属类别。

物体检测算法的一个常见问题是多次检测到同一个物体，该问题可以通过使用**非极大值抑制**（non-max suppression）算法来解决，该算法会检测每个物体的边框，包括置信度（物体属于预测类别的概率）较低的物体，但最终只留下置信度较高的边框。完成了边框检测，获得了置信度，也声明了相应阈值之后，可以按照以下方法运行该算法。

11. 这是最重要的步骤之一，这个步骤从每个输出层的每个检测（即每个检测到的对象）中收集置信度、类别 ID 和边框，但忽略置信度小于 50% 的检测：

```
# 应用非极大值抑制算法
class_ids = []
confidences = []
boxes = []
conf_threshold = 0.5
nms_threshold = 0.4
indexes = cv2.dnn.NMSBoxes(boxes, confidences, conf_threshold, nms_
threshold)
```

12. 对每个输出层的每个检测获取置信度、类别 ID 和边框参数，忽略较弱检测（置信度小于 50%）：

```
for out in outs:
    for detection in out:
        scores = detection[5:]
        class_id = np.argmax(scores)
        confidence = scores[class_id]
        if confidence > 0.5:
            center_x = int(detection[0] * Width)
            center_y = int(detection[1] * Height)
            w = int(detection[2] * Width)
            h = int(detection[3] * Height)
            x = center_x - w / 2
            y = center_y - h / 2
            class_ids.append(class_id)
            confidences.append(float(confidence))
            boxes.append([x, y, w, h])
```

13．对索引列表进行迭代，使用之前声明的输出方法，输出图像中的每个边框、标签和置信度：

```
for i in indexes:
    i = i[0]
    box = boxes[i]
    x = box[0]
    y = box[1]
    w = box[2]
    h = box[3]

    draw_bounding_box(image, class_ids[i], round(confidences[i],2),
round(x), round(y), round(x+w), round(y+h))
```

14．展示并保存得到的图像。OpenCV 中有一个用来展示的方法，不需要使用 Matplotlib：

```
# 展示输出图像
plt.axis("off")
plt.imshow(cv2.cvtColor(image, cv2.COLOR_BGR2RGB))

# 将输出图像保存到硬盘
cv2.imwrite("object-detection6.jpg", image)
```

输出结果如图 8.2 所示。

图 8.2 YOLO 检测示例（2）

最后，画出边框、类别和置信度。

15．按照上述步骤，尝试几个其他的例子。你可以在 Dataset/obj-det 文件夹中找到这些图像。图 8.3 所示为其他例子的输出结果。

图 8.3　YOLO 检测示例（3）

8.2.2　ImageAI

还有一种方法可以用来轻松实现上述任务——利用 ImageAI 库，该方法只需几行代码就可以实现物体检测和识别。

这个库的 GitHub 仓库链接如下：

```
https://github.com/OlafenwaMoses/ImageAI
```

可以使用以下命令，通过 pip 安装这个库：

```
pip install https://github.com/OlafenwaMoses/ImageAI/releases/download/2.0.2/
imageai-2.0.2-py3-none-any.whl
```

使用该库时，需要导入一个类：

```
from imageai.Detection import ObjectDetection
```

导入 ObjectDetection 类，该类会用作神经网络。

接着，声明该类的一个实例，用来进行预测：

```
detector = ObjectDetection()
```

然后需要声明使用的模型。这个库中只有 3 种模型：RetinaNet、YOLOv3 和 TinyYOLOv3。

YOLOv3 就是前面使用过的模型，该模型的性能、准确度和检测时间适中。

RetinaNet 拥有较高的性能和准确度，但检测时间比较长。

TinyYOLOv3 经过了速度上的优化，性能和准确度适中，但检测时间短得多。出于速度上的优势，会选用这个模型。

只需要修改几行代码，就可以使用其中任何一种模型。对于 YOLOv3，只需要以下几行代码：

```
detector.setModelTypeAsYOLOv3()
detector.setModelPath("Models/yolo.h5")
detector.loadModel()
```

其中的.h5 文件包含了 YOLOv3 神经网络的权重和架构。

只需下面一行代码，就可以执行预测，并获得相应的检测结果：

```
detections = detector.detectObjectsFromImage(input_image="Dataset/obj_det/
sample.jpg", output_image_path="samplenew.jpg")
```

这行代码接收一个图像作为输入，检测图像中物体的边框和类别，然后输出一个标注了检测结果的新图像，以及一个包含检测到的物体的列表。

下面看看它是如何检测前面使用的 sample.jpg 的，如图 8.4 所示。

图 8.4　ImageAI YOLOv3 图像检测

使用 ImageAI 还可以自定义希望识别的物体类别。和使用 OpenCV 构建的 YOLO 一样，ImageAI 在默认情况下也能够检测相同的 80 个类别。

通过自定义，可以让模型只检测你希望检测的物体。设置方法是将希望检测的物体作为参数传递给 CustomObjects 对象，并使用 detectCustomObjectsFromImage 替代 detectObjects FromImage 作为识别物体的方法 ，如下所示：

```
...
custom_objects = detector.CustomObjects(car=True)
detections = detector.detectCustomObjectsFromImage(custom_objects=custom_
objects, input_image="Dataset/obj_det/sample.jpg", output_image_
path="samplenew.jpg")
```

结果如图 8.5 所示。

图 8.5　ImageAI YOLOv3 自定义图像检测

8.3　视频中的多物体识别和检测

现在已经能够很好地完成静态图像的多物体识别和检测了，那么如何对视频中的物体进行检测和识别呢？

你可以从网上下载任意一段视频，然后尝试检测和识别视频中出现的所有物体。

只需要先获取视频中每一帧的图像，然后检测相应的物体和标签就可以了。

导入所需的库：

```
from imageai.Detection import VideoObjectDetection
from matplotlib import pyplot as plt
```

imageai 库包含一个对象,可以用来对视频进行物体检测和识别:

```
video_detector = VideoObjectDetection()
```

需要使用 VideoObjectDetection 来检测视频中的物体。此外,需要使用 Matplotlib 展示每一帧的检测过程。

加载模型时可以根据所需的视频处理速度和准确度来选择加载哪种模型。RetinaNet 是最精准、但速度最慢的,TinyYOLOv3 是最不精准、但速度最快的,而 YOLOv3 介于二者之间。下面仍然会使用 YOLOv3 模型,但读者也完全可以尝试一下其他两种模型。声明了视频物体检测之后,余下的声明与上一节中相同:

```
video_detector.setModelTypeAsYOLOv3()
video_detector.setModelPath("Models/yolo.h5")
video_detector.loadModel()
```

在进行视频检测之前,需要先声明一个函数,该函数会应用于所处理的每一帧。该函数并不会执行检测算法,而是会处理每一帧的检测过程。为什么要在物体检测过程之后处理每一帧的输出结果呢?原因在于要使用 Matplotlib 逐帧展示检测过程。

在声明该方法之前,需要先声明用来输出不同类别物体的颜色:

```
color_index = {'bus': 'red', 'handbag': 'steelblue', 'giraffe': 'orange',
'spoon': 'gray', 'cup': 'yellow', 'chair': 'green', 'elephant': 'pink',
'truck': 'indigo', 'motorcycle': 'azure', 'refrigerator': 'gold', 'keyboard':
'violet', 'cow': 'magenta', 'mouse': 'crimson', 'sports ball': 'raspberry',
'horse': 'maroon', 'cat': 'orchid', 'boat': 'slateblue', 'hot dog': 'navy',
'apple': 'cobalt', 'parking meter': 'aliceblue', 'sandwich': 'skyblue',
'skis': 'deepskyblue', 'microwave': 'peacock', 'knife': 'cadetblue',
'baseball bat': 'cyan', 'oven': 'lightcyan', 'carrot': 'coldgrey',
'scissors': 'seagreen', 'sheep': 'deepgreen', 'toothbrush': 'cobaltgreen',
'fire hydrant': 'limegreen', 'remote': 'forestgreen', 'bicycle': 'olivedrab',
'toilet': 'ivory', 'tv': 'khaki', 'skateboard': 'palegoldenrod', 'train':
'cornsilk', 'zebra': 'wheat', 'tie': 'burlywood', 'orange': 'melon', 'bird':
'bisque', 'dining table': 'chocolate', 'hair drier': 'sandybrown', 'cell
phone': 'sienna', 'sink': 'coral', 'bench': 'salmon', 'bottle': 'brown',
'car': 'silver', 'bowl': 'maroon', 'tennis racket': 'palevilotered',
'airplane': 'lavenderblush', 'pizza': 'hotpink', 'umbrella': 'deeppink',
```

```
'bear': 'plum', 'fork': 'purple', 'laptop': 'indigo', 'vase': 'mediumpurple',
'baseball glove': 'slateblue', 'traffic light': 'mediumblue', 'bed': 'navy',
'broccoli': 'royalblue', 'backpack': 'slategray', 'snowboard': 'skyblue',
'kite': 'cadetblue', 'teddy bear': 'peacock', 'clock': 'lightcyan', 'wine
glass': 'teal', 'frisbee': 'aquamarine', 'donut': 'mincream', 'suitcase':
'seagreen', 'dog': 'springgreen', 'banana': 'emeraldgreen', 'person':
'honeydew', 'surfboard': 'palegreen', 'cake': 'sapgreen', 'book':
'lawngreen', 'potted plant': 'greenyellow', 'toaster': 'ivory', 'stop sign':
'beige', 'couch': 'khaki'}
```

接着声明用来应用于每一帧的方法：

```
def forFrame(frame_number, output_array, output_count, returned_frame):

    plt.clf()

    this_colors = []
    labels = []
    sizes = []

    counter = 0
```

如上所示，首先声明了函数，然后向该函数传递了帧的编号、由检测结果构成的数组、每个检测到的物体的出现次数，以及帧。此外，声明用来在每个帧上输出全部检测结果的相应变量：

```
for eachItem in output_count:
    counter += 1
    labels.append(eachItem + " = " + str(output_count[eachItem]))
    sizes.append(output_count[eachItem])
    this_colors.append(color_index[eachItem])
```

这个循环中存储了各个物体和相应的出现情况，以及用来代表每种物体的颜色：

```
plt.subplot(1, 2, 1)
plt.title("Frame : " + str(frame_number))
plt.axis("off")
plt.imshow(returned_frame, interpolation="none")
    plt.subplot(1, 2, 2)
    plt.title("Analysis: " + str(frame_number))
    plt.pie(sizes, labels=labels, colors=this_colors, shadow=True,
startangle=140, autopct="%1.1f%%")
```

```
plt.pause(0.01)
```

上面这段代码为每一帧输出了两张图。一张展示了标注出检测结果的图像；另一张展示了一个表格，包含每个检测到的物体的出现次数和占总出现次数的百分比。

图 8.6 所示为输出结果。

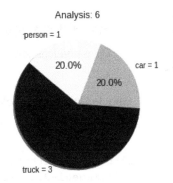

图 8.6　ImageAI 单帧物体检测过程

在最后一个代码单元中，使用以下几行代码来执行视频检测：

```
plt.show()

video_detector.detectObjectsFromVideo(input_file_path="path_to_video.
mp4", output_file_path="output-video" , frames_per_second=20, per_frame_
function=forFrame, minimum_percentage_probability=30, return_detected_
frame=True, log_progress=True)
```

其中，第一行代码进行 Matplotlib 绘图初始化。

第二行代码启动视频检测。传递给该函数的各个参数说明如下。

- input_file_path：输入视频的路径。

- output_file_path：输出视频的路径。

- frames_per_second：输出视频的每秒帧数。

- per_frame_function：对每一帧进行物体检测之后的回调函数。

- minimum_percentage_probability：最小概率阈值，用来筛选出可信度足够高的检测结果。

- return_detected_frame：如果设置为 True，会将帧作为参数传递给回调函数。

- log_progress：如果设置为 True，会将过程记录到控制台中。

项目 8：视频中的多物体检测和识别

本项目会逐帧处理一段视频，检测每一帧中可能存在的全部物体，并将输出视频保存到磁盘。

本项目使用的视频可以从配套资源中获取：Lesson08/ Dataset/videos/ street.mp4。

1．打开一个 Google Colab Notebook，挂载硬盘，然后移动至第 8 章的位置。

2．由于没有预装 ImageAI 库，使用以下命令在 Notebook 中安装该库：

```
!pip3 install https://github.com/OlafenwaMoses/ImageAI/releases/
download/2.0.2/imageai-2.0.2-py3-none-any.whl
```

3．导入本项目所需的各个库，然后设置 Matplotlib。

4．声明用来检测和识别物体的模型。

另外请注意，所有模型都存储在 **Models** 文件夹中。

5．声明每一帧处理完成之后都会调用的回调函数。

6．对 Dataset/videos 文件夹中的 street.mp4 视频运行 Matplotlib 和视频检测。也可以尝试一下同一个文件夹中的 park.mp4 视频。

本项目的答案参见附录。

8.4　小结

物体识别和检测技术能够识别图像中的多个物体，在物体周围标出边框，并预测物体属于哪种类型。

本章介绍了边框和标签的标注过程，但由于相应过程非常庞大，因此没有深入介绍，而是使用了非常先进的模型来进行物体识别和检测。

本章使用的主要模型是 YOLOv3，介绍了如何使用 OpenCV 的 DNN 模块来进行物体检测。ImageAI 是另一个用于物体检测和识别的库。利用该库，只需几行代码就可以编写物体检测过程，并且很容易实现自定义物体检测。

最后，通过视频来将 ImageAI 的物体检测过程付诸实践。从视频中获得的每一帧图像都会进行该过程，从而从帧中检测和识别物体，并使用 Matplotlib 展示出来。

第 9 章
机器人的计算机视觉

学习目标

阅读完本章之后，你将能够：

- 使用人工视觉技术进行物体评估；

- 在 ROS 中集成外部框架；

- 通过机器人与物体进行交互；

- 创建一个能够理解自然语言的机器人；

- 开发端到端的机器人应用。

本章会介绍如何利用 Darknet 和 YOLO 进行开发；还会介绍如何使用 AI 对物体进行评估，如何集成 YOLO 和 ROS，从而让虚拟机器人能够预测虚拟环境中的物体。

9.1 简介

前面各章介绍了许多有助于解决实际问题的概念和技术。本章会使用前面所学的这些知识，构建一个端到端的机器人应用。

本章会使用深度学习框架 Darknet 来构建能够进行实时物体识别的机器人，并将该框架集成到 ROS 中，以便让最终的应用适用于任何机器人。此外，物体识别能够用来构建各种不同类型的机器人应用，这一点非常重要。

本章构建的端到端应用不仅具有学术价值，而且在实际问题和生活中也能派上用场。

读者甚至可以根据实际情况来调整应用的功能，从而增加使用机器人解决现实问题的机会。

9.2 Darknet

Darknet 是一个开源的神经网络框架，使用 C 语言和 CUDA 编写。由于利用了 GPU 和 CPU 进行计算，Darknet 的计算速度非常快。Darknet 是由约瑟夫·雷德蒙（Joseph Redmon）开发的，他是一位致力于人工视觉的计算机科学家。

Darknet 涵盖了许多有趣的应用，但本章不会介绍所有功能。下面列举了 Darknet 的一些功能。

- **ImageNet 分类**：这是一个图像分类器，使用诸如 AlexNet、ResNet 和 ResNeXt 之类的模型，对一些 ImageNet 图像进行分类，然后根据时间、准确度、权重等因素，对这些模型进行对比。

- **RNN's**：循环神经网络用来生成和管理自然语言。这些模型使用一种叫作 vanilla RNN 的架构，包含 3 个循环模块，在语音识别和自然语言处理等任务中获得了不错的结果。

- **Tiny Darknet**：这是另一个图像分类器，但生成的模型更偏轻量级，获得的结果类似于 Darknet，但模型权重只有 4MB。

> Darknet 的功能不止上述列举的几种。可以参考 Darknet 网站，获取更多关于该框架的信息。

Darknet 基础安装

使用 Darknet 基础安装虽然无法利用 YOLO 的全部功能，但足以检查其工作原理，进行一些物体检测的预测。使用 Darknet 基础安装是不能利用 GPU 计算来进行实时预测的，如果想要执行更复杂的任务，请参考下一节。

> 关于 Darknet 基础安装和高级安装的详细步骤，请参考前言中的相应内容。

9.3 YOLO

YOLO 是一个基于深度学习的实时物体检测系统，包含在 Darknet 框架中。YOLO 是 "You Only Look Once" 的首字母缩写，意为 YOLO 的运行速度快。

YOLO 的作者给出了一张图片，将 YOLO 与用途相同的其他模型进行了对比，如图 9.1 所示。

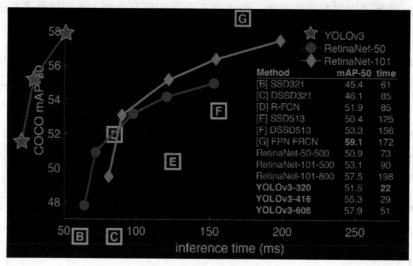

图 9.1　物体检测系统对比

在图 9.1 中，y 轴代表 **mAP**（平均精确度均值）；x 轴代表时间，单位为 ms。可以看到，相比其他系统，YOLO 在更短的时间内实现了更高的 mAP。

了解 YOLO 的工作原理也非常重要。YOLO 向整个图像应用一个神经网络，将图像分割为不同的部分，同时进行边框预测。这些边框类似于用来标记出某些物体的矩形，会在过程的稍后部分中被识别出来。YOLO 的运行速度很快，因为它只需要对神经网络进行一次评估就可以完成预测，而其他识别系统则需要进行多次评估。

上面提到的网络具有 53 个卷积层，交替使用大小为 3×3 和 1×1 的卷积层。图 9.2 所示是从 YOLO 作者的一篇论文 "YOLOv3：An Incremental Improvement" 中摘取的 YOLO 架构示意图。

Type	Filters	Size	Output
Convolutional	32	3 × 3	256 × 256
Convolutional	64	3 × 3 / 2	128 × 128
1× Convolutional	32	1 × 1	
Convolutional	64	3 × 3	
Residual			128 × 128
Convolutional	128	3 × 3 / 2	64 × 64
2× Convolutional	64	1 × 1	
Convolutional	128	3 × 3	
Residual			64 × 64
Convolutional	256	3 × 3 / 2	32 × 32
8× Convolutional	128	1 × 1	
Convolutional	256	3 × 3	
Residual			32 × 32
Convolutional	512	3 × 3 / 2	16 × 16
8× Convolutional	256	1 × 1	
Convolutional	512	3 × 3	
Residual			16 × 16
Convolutional	1024	3 × 3 / 2	8 × 8
4× Convolutional	512	1 × 1	
Convolutional	1024	3 × 3	
Residual			8 × 8
Avgpool		Global	
Connected		1000	
Softmax			

图 9.2　YOLO 架构示意图

9.3.1　使用 YOLO 进行预测

本小节会首次使用 YOLO 进行预测，在此之前你需要完成基础安装。下面来预测一个图像中的物体。

1. 为了省去训练过程，下面使用一个预训练模型。先在 Darknet 目录中下载网络权重：

```
cd <darknet_path>
wget https://pjreddie.com/media/files/yolov3.weights
```

2. 利用 YOLO 进行预测。先尝试识别单个物体：一条狗。示例图像如图 9.3 所示。

图 9.3　用来进行预测的示例图像

将该图像作为.jpg 文件存储在 Darknet 目录下，然后对其运行 YOLO：

```
./darknet detect cfg/yolov3.cfg yolov3.weights dog.jpg
```

运行完成之后，应该会看到类似于图 9.4 所示的输出结果。

```
Loading weights from yolov3.weights...Done!
dog.jpg: Predicted in 23.796328 seconds.
dog: 100%
```

图 9.4　预测结果

可以看到，YOLO 能够以 100%的准确度检测到图像中的狗，并且生成了一个名为 predictions. jpg 的新文件，其中给出了狗在图片中的位置。可以从 Darknet 目录中打开该文件，如图 9.5 所示。

图 9.5　图像的已识别物体

也可以在一条命令中使用 YOLO 对多个图像进行预测。为此，需要输入和之前一样的命令，但不输入图像路径：

```
./darknet detect cfg/yolov3.cfg yolov3.weights
```

输出结果如图 9.6 所示。

```
 106 detection
Loading weights from yolov3.weights...Done!
Enter Image Path: 
```

图 9.6　预测命令的输出结果

可以看到，程序提示用户输入一个图片路径。例如之前的图片 **dog.jpg**。接着程序会提示输入另一个图片路径，这样一来，就可以对所有希望预测的图片进行预测了。图 9.7 展示了另一个例子。

图 9.7　图像预测的输出结果

这样一来，预测结果如图 9.8 所示。

图 9.8　图像预测结果

使用 YOLO 进行开发时，还有一个有趣的命令应该了解，这个命令可以用来修改检测阈值。

检测阈值是用来判断预测正确与否的准确度限制值。例如，如果将阈值设置为 75%，那么检测到的物体的准确度如果低于该值，就会认为是不正确的预测。

YOLO 默认输出预测准确度大于等于 25%的物体。可以通过以下命令的最后一个参数来修改阈值：

```
./darknet detect cfg/yolov3.cfg yolov3.weights dog2.jpg -thresh 0.5
```

你可能已经猜到了，上面的命令将阈值设置为了 50%。下面来看一个实际的例子，按照以下步骤来测试修改阈值的效果。

1. 对不同图像进行预测，直到图像中有一个物体的预测准确度低于 100%。以图 9.9 所示的图像为例，对该图像中的狗识别出来的准确度为 60%。

图 9.9　准确度低于 100% 的图像示例

2. 使用 **predict** 命令来修改检测阈值。由于图像中狗的检测准确度是 60%，因此如果把阈值修改为 70%，应该就检测不到任何物体了。

```
./darknet detect cfg/yolov3.cfg yolov3.weights dog2.jpg -thresh 0.7
```

3. 检查 predictions 文件可以确认，的确没有检测出图像中的狗，如图 9.10 所示。可以看到，阈值在物体识别中扮演了一个重要的角色。

图 9.10　修改阈值后进行的最终预测

9.3.2　在摄像头上使用 YOLO

学会了使用 YOLO 进行预测之后，下面可以尝试这个系统中更有趣的功能了。本小节会将 YOLO 与摄像头连接，从而检测真实的物体。为此，需要完成 Darknet 高级安装，因为这项任务需要用到 GPU 和 OpenCV。

1. 确保你的摄像头已经连接好了，并且可以被系统检测到。

2. 在 Darknet 目录下输入以下命令：

```
./darknet detector demo cfg/coco.data cfg/yolov3.cfg yolov3.weights
```

3. 尝试识别环境中的一个物体。例如，我们检测到了书架上的书，如图 9.11 所示。

图 9.11　通过摄像头识别出来的书籍

9.3.3　练习 28：YOLO 编程

本练习会介绍如何利用 YOLO 和 Python 进行预测。本练习会创建一个数据集，然后检查数据集中有多少个包含了特定物体的图像。图 9.12 所示为数据集中包含的图像。

图 9.12　数据集中包含的图像

可以看到，这是一个非常简单的数据集，其中包含了动物和风景的图像。下面要实现的 Python 程序会统计其中出现狗的图像的数量。

先做好准备工作，从 GitHub 中复制 Darknet 文件：

```
git clone https://github.com/pjreddie/darknet
cd darknet
make
```

1. 在 Darknet 目录下新建一个名为 dataset 的文件夹。

2. 将这些图片或者其他你选择的图片放到新文件夹中。

这些图片可以在配套资源的 Lesson09/Exercise28/ dataset 文件夹中获取。

3. 创建一个名为 exercise1.py 的 Python 文件，开始进行实现。

声明 Python 解释器，导入所需库：

```
#!usr/bin/env python
import sys, os
```

4. 把 Darknet 框架的位置告诉系统，然后导入该框架。如果你已经在 Darknet 目录中创建了一个文件，那么可以按照以下方法进行导入：

```
sys.path.append(os.path.join(os.getcwd(),'python/'))
import darknet as dn
```

 这里需要设置为你放置 Darknet 目录的路径。

5. 告诉 Darknet 使用哪个 GPU 来执行程序。

 在 Ubuntu 中，可以使用 nvidia-sm 命令获取 GPU 的有序列表，然后查看你希望使用的 GPU 的索引，将其输入 Python 程序中。如果只有一个 GPU，就需要选择数字 0：
```
dn.set_gpu(0)
```

6. 配置将要用来进行预测的网络。本例会使用与之前相同的配置：

```
net = dn.load_net("cfg/yolov3.cfg", "yolov3.weights", 0)
meta = dn.load_meta("cfg/coco.data")
```

 注意这里输入的路径，如果你的 Python 文件不在 Darknet 文件夹中，这些路径可能会有所不同。

7. 声明两个变量，分别用来统计图像总数和包含狗的图像总数：

```
dog_images = 0
number_of_images = 0
```

8. 实现一个循环，对数据集中的文件进行迭代：

```
for file in os.listdir("dataset/"):
```

9. 使用 Darknet 的 detect 方法，识别每个图像中的物体：

```
filename = "dataset/" + file
r = dn.detect(net, meta, filename)
```

10. 对识别出来的物体进行迭代，检查其中是否有狗。如果有狗，在狗的图像计数器上加一，然后停止检查其余物体。最后，在总计数器上加一：

```
for obj in r:
    if obj[0] == "dog":
        dog_images += 1
        break
number_of_images += 1
```

> YOLO 返回的预测结果是由数组构成的列表，每个数组代表一个物体，其中包含以下数据。
> - 位置 0：物体名称。
> - 位置 1：准确度。
> - 位置 2：物体在图像中的坐标数组。

11. 输出获得的结果。例如：

```
print("There are " + str(dog_images) + "/" + str(number_of_images) + "
images containing dogs")
```

为了成功执行该代码，需要对 darknet.py 文件进行以下修改。

在 darknet.py 文件中修改这一行代码：lib = CDLL("<你的路径>/datrknet/libdarknet.so", RTLD_GLOBAL)。代码如下：

```
cd ..
 wget https://pjreddie.com/media/files/yolov3.weights
python exercise28.py
```

> 其中，cd .. 命令用来切换到你的文件所在的目录，然后下载权重并运行脚本。例如，cd <your_script_location>

可以运行该脚本，测试它是否按照预期的方式工作。如果使用的是上面提供的数据集，输出结果应该如图 9.13 所示。

图 9.13　练习 28 的最终输出结果

9.3.4　练习 29：在 ROS 中集成 YOLO

前面已经介绍了如何在 Python 程序中使用 YOLO，下面看看如何将 YOLO 集成到机器人操作系统（ROS）中，从而用于解决实际的机器人问题。你可以将 YOLO 与任何机器人的摄像头结合起来，让机器人能够检测和识别物体，实现人工视觉的目标。完成下面的练习后，你就能够自己完成这个任务了。下面通过一个练习进行具体介绍。

本练习会实现一个新的 ROS 节点，这个节点使用 YOLO 来进行物体识别。本练习会使用 TurtleBot 进行测试，即第 6 章中使用的 ROS 模拟器，但也适用于任何带摄像头的机器人。按照以下步骤进行练习。

1．在 catkin 工作空间中创建一个新的软件包，包含集成的节点。使用以下命令来包含正确的依赖项：

```
cd ~/catkin_ws/
source devel/setup.bash
roscore
cd src
catkin_create_pkg exercise29 rospy cv_bridge geometry_msgs image_transport
sensor_msgs std_msgs
```

2．切换到软件包的文件夹中，新建一个名为 scripts 的目录，然后创建 Python 文件并添加可执行权限：

```
cd exercise29
mkdir scripts
cd scripts
touch exercise29.py
chmod +x exercise29.py
```

3．开始进行实现。

导入实现节点所需的库。需要 sys 和 os 来从相应路径中导入 Darknet，需要 OpenCV 来处理图像，还需要 sensor_ msgs 中的 Image 模块来进行发布：

```
import sys
import os
from cv_bridge import CvBridge, CvBridgeError
from sensor_msgs.msg import Image
```

让系统知道在哪里可以找到 Darknet：

```
sys.path.append(os.path.join(os.getcwd(), '/home/alvaro/Escritorio/tfg/
darknet/python/'))
```

> **TIP** 根据你计算机中目录的不同，上面提到的路径可能有所不同。

导入框架：

```
import darknet as dn
```

创建用来编写节点逻辑的类，以及相应的构造函数：

```
class Exercise29():
    def __init__(self):
```

编写构造函数。

对节点进行初始化：

```
rospy.init_node('Exercise29', anonymous=True)
```

创建一个 bridge 对象：

```
self.bridge = CvBridge()
```

订阅相机主题：

```
        self.image_sub = rospy.Subscriber("camera/rgb/image_raw", Image,
self.imageCallback)
```

创建一个变量，用来存储获得的图像：

```
self.imageToProcess = None
```

定义 YOLO 配置的相应路径：

```
cfgPath = "/home/alvaro/Escritorio/tfg/darknet/cfg/yolov3.cfg"
weightsPath = "/home/alvaro/Escritorio/tfg/darknet/yolov3.weights"
dataPath = "/home/alvaro/Escritorio/tfg/darknet/cfg/coco2.data"
```

 根据你的计算机中目录的不同，上面提到的路径可能会
有所不同。

创建用来进行预测的 YOLO 变量：

```
self.net = dn.load_net(cfgPath, weightsPath, 0)
self.meta = dn.load_meta(dataPath)
```

定义用于图像存储的名称：

```
self.fileName = 'predict.jpg'
```

实现回调函数，该函数用来获取 OpenCV 格式的图像：

```
def imageCallback(self, data):
    self.imageToProcess = self.bridge.imgmsg_to_cv2(data, "bgr8")
```

创建一个函数，用来对获得的图像进行预测。该节点应该持续进行预测，直到用户停止预测。实现方式是将图像存储到硬盘上，然后使用检测函数对其进行预测，并不断输出结果：

```
def run(self):
    while not rospy.core.is_shutdown():
        if(self.imageToProcess is not None):
            cv2.imwrite(self.fileName, self.imageToProcess)
            r = dn.detect(self.net, self.meta, self.fileName)
            print r
```

实现主程序入口。首先需要初始化 Darknet，然后为上面创建的类创建一个实例，并调用它的主方法：

```
if __name__ == '__main__':
    dn.set_gpu(0)
    node = Exercise29()
    try:
```

```
        node.run()
except rospy.ROSInterruptException:
        pass
```

4. 测试该节点是否正常工作。

打开一个终端，启动 ROS：

```
cd ../../
cd ..
source devel/setup.bash
roscore
```

新建一个终端，然后在 Gazebo 中运行 TurtleBot：

```
cd ~/catkin_ws
source devel/setup.bash
roslaunch turtlebot_gazebo turtlebot_world.launch
```

插入 YOLO 可识别的物体，然后让 TurtleBot 看到它们。可以通过单击左上角的 **insert** 按钮来插入新物体，例如一个碗，如图 9.14 所示。

图 9.14　在 Gazebo 中插入的碗

5. 新建一个终端，运行刚才创建的节点：

```
cd ~/catkin_ws
source devel/setup.bash
rosrun exercise29 exercise29.py
```

如果你插入了一个碗，请检查是否获得了类似图 9.15 所示的输出结果。

```
[('bowl', 0.7104724049568176, (352.04852294921875, 344.7698669433594
, 76.55792999267578, 31.363014221191406))]
[('bowl', 0.696557879447937, (352.01055908203125, 344.83770751953125
, 76.56439208984375, 31.41343879699707))]
[('bowl', 0.7058066129684448, (351.9707946777344, 344.8869323730469,
76.7359848022461, 31.645347595214844))]
[('bowl', 0.6935019493103027, (351.9503173828125, 344.8268737792969,
76.54244995117188, 31.239303588867188))]
[('bowl', 0.6676342487335205, (351.9901123046875, 344.8103942871094,
76.46720886230469, 31.15680694580078))]
[('bowl', 0.6695064902305603, (351.8796081542969, 344.81585693359375
, 76.3839340209961, 31.182811737060547))]
[('bowl', 0.6725053787231445, (351.87506103515625, 344.8595886230469
, 76.35908508300781, 31.181182861328125))]
[('bowl', 0.6542823314666748, (351.75732421875, 344.78326416015625,
76.5813980102539, 31.1123046875))]
```

图 9.15　节点预测的物体

9.3.5　项目 9：机器人保安

下面假设的场景和"项目 6"中的场景类似。假设你在一家机器人公司工作，公司最近有了一个新客户，是一家购物中心。客户希望你的公司提供一些机器人，保护购物中心在夜间免遭抢劫。这些机器人需要将夜间进入购物中心的人员都识别为小偷，一旦发现小偷就提醒客户。

使用 Gazebo，为 TurtleBot 或者其他模拟器提供所需功能。按照以下步骤进行操作。

1．创建一个 catkin 软件包，用于存储所需节点。

2．实现第一个节点，该节点应该从机器人的摄像头中获取图像，并对图像运行 YOLO。

3．该节点应该以字符串的格式发布检测到的物体列表。

4．实现第二个节点，该节点应该订阅用来发布检测到的物体的主题，并获取这些物体的信息。最后，该节点应该检查这些物体中是否包含人。如果包含人，则输出一条警报消息。

5．同时运行这两个节点。

如果能在执行这些节点的基础上，再执行另一个用来让机器人移动的节点（可以使用第 6 章 "机器人操作系统（ROS）"中实现的节点），会很有意思，尽管这不是本项目的主要目标。

本项目的答案参见附录。

9.4 小结

至此，本章已经构建了一个端到端的机器人应用。虽然这只是一个示例性应用，但读者可以使用在本书中所学的技术，构建其他的机器人应用。本章介绍了如何安装和使用 Darknet 和 YOLO，以及如何使用 AI 进行物体评估并将 YOLO 集成到 ROS 中，从而让虚拟机器人能够对物体进行预测。

读者学习了如何使用自然语言处理命令来控制机器人，还学习了本书中的各种模型，例如 Word2Vec、GloVe 词嵌入技术，以及非数值数据等；并且利用 ROS 构建了一个对话代理，用来管理虚拟机器人。读者已经掌握了足够的技能，可以构建一个能够集成到 ROS 中的应用，用来提取环境中的有用信息。读者所使用的工具不仅可以用于机器人，而且还可以用于人工视觉和语言处理。

在本书的最后，我们鼓励读者实现自己的机器人项目，用本书中你最喜欢的技术进行练习。读者可以对比进行机器人开发的不同方法，探索计算机视觉、算法的更深层次。永远记住，机器人是可以按照你的意愿行事的机器。

附录
本书项目概览

这部分内容是为了帮助读者完成本书中的项目而编写的，包含读者为了达到各个项目的目标所需要进行的详细步骤。

第 1 章 机器人学基础

项目 1：使用 Python 和测距法进行机器人定位

答案

```python
from math import pi

def wheel_distance(diameter, encoder, encoder_time, wheel, movement_time):
    time = movement_time / encoder_time
    wheel_encoder = wheel * time
    wheel_distance = (wheel_encoder * diameter * pi) / encoder

    return wheel_distance

from math import cos,sin

def final_position(initial_pos,wheel_axis,angle):
    final_x=initial_pos[0]+(wheel_axis*cos(angle))
    final_y=initial_pos[1]+(wheel_axis*sin(angle))
    final_angle=initial_pos[2]+angle

    return(final_x,final_y,final_angle)
```

```
def position(diameter,base,encoder,encoder_time,left,right,initial_
pos,movement_time):
#第1步: 轮子走过的距离
    left_wheel=wheel_distance(diameter,encoder,encoder_time,left,movement_
time)
    right_wheel=wheel_distance(diameter,encoder,encoder_time,right,movement_
time)
#第2步: 轮子中轴走过的距离
    wheel_axis=(left_wheel+right_wheel)/2
#第3步: 机器人旋转的角度
    angle=(right_wheel-left_wheel)/base
#最后一步: 计算最终的位置
    final_pos=final_position(initial_pos,wheel_axis,angle)
    returnfinal_pos

position(10,80,76,5,600,900,(0,0,0),5)
```

> 为了进一步观察,可以把轮子直径改为 15cm,然后检查输出结果的差别。类似地,也可以改变其他输入值,然后检查输出结果的差别。

第 2 章　计算机视觉

项目 2: 对 Fashion-MNIST 数据集中的 10 种衣物进行分类

答案

1. 打开 Google Colab。

2. 为本书创建一个文件夹,从配套资源的 Lesson02/Activity02 获取 Dataset 文件夹,然后上传到新建的文件夹中。

3. 导入 drive 并执行挂载命令:

```
from google.colab import drive
drive.mount('/content/drive')
```

首次挂载 drive 时,需要单击 Google 提供的 URL 来获取验证码,然后输入验证码并按 Enter 键,如图 1 所示。

图 1 Google Colab 验证步骤

4．drive 的挂载完成之后，需要设置工作路径：

```
cd /content/drive/My Drive/C13550/Lesson02/Activity02/
```

5．加载数据集并展示 5 个示例图像：

```
from keras.datasets import fashion_mnist
(x_train, y_train), (x_test, y_test) = fashion_mnist.load_data()
```

输出结果如图 2 所示。

```
Using TensorFlow backend.
Downloading data from http://fashion-mnist.s3-website.eu-central-1.amazonaws.com/train-labels-idx1-ubyte.gz
32768/29515 [==============================] - 0s 5us/step
Downloading data from http://fashion-mnist.s3-website.eu-central-1.amazonaws.com/train-images-idx3-ubyte.gz
26427392/26421880 [==============================] - 2s 0us/step
Downloading data from http://fashion-mnist.s3-website.eu-central-1.amazonaws.com/t10k-labels-idx1-ubyte.gz
8192/5148 [==============================] - 0s 0us/step
Downloading data from http://fashion-mnist.s3-website.eu-central-1.amazonaws.com/t10k-images-idx3-ubyte.gz
4423680/4422102 [==============================] - 1s 0us/step
```

图 2 加载数据集并展示 5 个示例图像

展示 Fashion-MNIST 数据集中的示例图像：

```
import random
from sklearn import metrics
from sklearn.utils import shuffle
random.seed(42)
from matplotlib import pyplot as plt
for idx in range(5):
    rnd_index = random.randint(0, 59999)
    plt.subplot(1,5,idx+1),plt.imshow(x_train[idx],'gray')
    plt.xticks([]),plt.yticks([])
plt.show()
```

结果如图 3 所示。

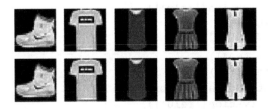

图 3 Fashion-MNIST 数据集中的示例图像

6. 对数据进行预处理：

```
import numpy as np
from keras import utils as np_utils
x_train = (x_train.astype(np.float32))/255.0
x_test = (x_test.astype(np.float32))/255.0
x_train = x_train.reshape(x_train.shape[0], 28, 28, 1)
x_test = x_test.reshape(x_test.shape[0], 28, 28, 1)
y_train = np_utils.to_categorical(y_train, 10)
y_test = np_utils.to_categorical(y_test, 10)
input_shape = x_train.shape[1:]
```

7. 使用 Dense 层构建神经网络架构：

```
from keras.callbacks import EarlyStopping, ModelCheckpoint,
ReduceLROnPlateau
from keras.layers import Input, Dense, Dropout, Flatten
from keras.preprocessing.image import ImageDataGenerator
from keras.layers import Conv2D, MaxPooling2D, Activation,
BatchNormalization
from keras.models import Sequential, Model
from keras.optimizers import Adam, Adadelta
def DenseNN(inputh_shape):

    model = Sequential()
    model.add(Dense(128, input_shape=input_shape))
    model.add(BatchNormalization())
    model.add(Activation('relu'))
    model.add(Dropout(0.2))

    model.add(Dense(128))
    model.add(BatchNormalization())
    model.add(Activation('relu'))
    model.add(Dropout(0.2))

    model.add(Dense(64))
    model.add(BatchNormalization())
    model.add(Activation('relu'))
    model.add(Dropout(0.2))

    model.add(Flatten())
    model.add(Dense(64))
    model.add(BatchNormalization())
    model.add(Activation('relu'))
    model.add(Dropout(0.2))
```

```
    model.add(Dense(10, activation="softmax"))

    return model
model = DenseNN(input_shape)
```

 本项目的完整代码文件位于配套资源的 Lesson02/
Activity02 文件夹中。

8. 编译并训练模型:

```
optimizer = Adadelta()
model.compile(loss='categorical_crossentropy', optimizer=optimizer,
metrics=['accuracy'])
ckpt = ModelCheckpoint('model.h5', save_best_only=True,monitor='val_loss',
mode='min', save_weights_only=False)
model.fit(x_train, y_train, batch_size=128, epochs=20, verbose=1,
validation_data=(x_test, y_test), callbacks=[ckpt])
```

获得的准确度为 88.72%。

9. 进行预测:

```
import cv2
images = ['ankle-boot.jpg', 'bag.jpg', 'trousers.jpg', 't-shirt.jpg']
for number in range(len(images)):
    imgLoaded = cv2.imread('Dataset/testing/%s'%(images[number]),0)
    img = cv2.resize(imgLoaded, (28, 28))
    img = np.invert(img)
cv2.imwrite('test.jpg',img)
    img = (img.astype(np.float32))/255.0
    img = img.reshape(1, 28, 28, 1)
    plt.subplot(1,5,number+1),plt.imshow(imgLoaded,'gray')
    plt.title(np.argmax(model.predict(img)[0]))
    plt.xticks([]),plt.yticks([])
plt.show()
```

输出结果如图 4 所示。

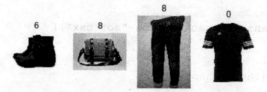

图 4　使用神经网络对衣物进行的预测

　　模型对手提包和 T 恤的分类是正确的，但对靴子和长裤的分类是错误的，因为这些样本和模型训练时使用的样本差别很大。

第 3 章　自然语言处理

项目 3：处理一个语料库

答案

1. 导入 sklearn TfidfVectorizer 和 TruncatedSVD 方法：

```
from sklearn.feature_extraction.text import TfidfVectorizer
from sklearn.decomposition import TruncatedSVD
```

2. 加载语料库：

```
docs = []
ndocs = ["doc1", "doc2", "doc3"]
for n in ndocs:
    aux = open("dataset/"+ n +".txt", "r", encoding="utf8")
    docs.append(aux.read())
```

3. 使用 spaCy 添加一些新的停用词，对语料库进行词例化，然后去除停用词，将去除停用词之后的语料库存储在一个新的变量中：

```
import spacy
import en_core_web_sm
from spacy.lang.en.stop_words import STOP_WORDS
nlp = en_core_web_sm.load()
nlp.vocab["\n\n"].is_stop = True
nlp.vocab["\n"].is_stop = True
nlp.vocab["the"].is_stop = True
nlp.vocab["The"].is_stop = True
newD = []
```

```
for d, i in zip(docs, range(len(docs))):
    doc = nlp(d)
    tokens = [token.text for token in doc if not token.is_stop and not
token.is_punct]
    newD.append(' '.join(tokens))
```

4. 创建 TF-IDF 矩阵。为了获得更好的结果，这里会添加一些参数：

```
vectorizer = TfidfVectorizer(use_idf=True,
                             ngram_range=(1,2),
                             smooth_idf=True,
                             max_df=0.5)
X = vectorizer.fit_transform(newD)
```

5. 执行 LSA 算法：

```
lsa = TruncatedSVD(n_components=100,algorithm='randomized',n_
iter=10,random_state=0)
lsa.fit_transform(X)
```

6. 使用 pandas 可以获得一个经过排序的 DataFrame，其中包含了每个概念中各个术语的权重，以及每个特征的名称：

```
import pandas as pd
import numpy as np
dic1 = {"Terms": terms, "Components": lsa.components_[0]}
dic2 = {"Terms": terms, "Components": lsa.components_[1]}
dic3 = {"Terms": terms, "Components": lsa.components_[2]}
f1 = pd.DataFrame(dic1)
f2 = pd.DataFrame(dic2)
f3 = pd.DataFrame(dic3)
f1.sort_values(by=['Components'], ascending=False)
f2.sort_values(by=['Components'], ascending=False)
f3.sort_values(by=['Components'], ascending=False)
```

输出结果如图 5 所示。

	Terms	Components
1845	moon	0.338403
272	apollo	0.315843
958	earth	0.180482
2558	space	0.157921
1879	nasa	0.135361

图 5　与概念 f1 最相关的词的输出结果示例

> 如果你得到的关键词和上面不同，不必担心。只要这些关键词体现了同一个概念，结果就是有效的。

第 4 章　NLP 神经网络

项目 4：预测字符序列中的下一个字符

答案

1. 导入所需库：

```
import tensorflow as tf
from keras.models import Sequential
from keras.layers import LSTM, Dense, Activation, LeakyReLU
import numpy as np
```

2. 定义字符序列，并重复 100 次：

```
char_seq = 'qwertyuiopasdfghjklñzxcvbnm' * 100
char_seq = list(char_seq)
```

3. 创建一个名为 char2id 的字典，将每种字符映射到一个整数：

```
char2id = dict([(char, idx) for idx, char in enumerate(set(char_seq))])
```

4. 将句子中的字符划分为时间序列。由于时间序列的最大长度是 5，因此会得到一些由 5 个字符组成的向量。然后创建由字符序列之后出现的字符组成的向量。y_labels 变量用来表示词汇表的大小，会在之后用到：

```
maxlen = 5
sequences = []
next_char = []

for i in range(0,len(char_seq)-maxlen):
    sequences.append(char_seq[i:i+maxlen])
    next_char.append(char_seq[i+maxlen])

y_labels = len(char2id)
print("5 first sequences: {}".format(sequences[:5]))
```

```
print("5 first next characters: {}".format(next_char[:5]))
print("Total sequences: {}".format(len(sequences)))
print("Total output labels: {}".format(y_labels))
```

5. 目前已经有了序列的变量，它是一个由数组构成的数组，其中包含了字符的时间序列；char 是一个数组，包含了字符序列之后的字符。下面需要对这些变量进行编码，先定义一个方法，该方法利用 char2id 的信息对数组中的字符进行编码：

```
def one_hot_encoder(seq, ids):
    encoded_seq = np.zeros([len(seq),len(ids)])
    for i,s in enumerate(seq):
        encoded_seq[i][ids[s]] = 1
    return encoded_seq
```

6. 将变量编码为独热向量，x 的形状为(2695,5,27)，y 的形状为(2695,27)。代码如下：

```
x = np.array([one_hot_encoder(item, char2id) for item in sequences])
y = np.array(one_hot_encoder(next_char, char2id))
x = x.astype(np.int32)
y = y.astype(np.int32)

print("Shape of x: {}".format(x.shape))
print("Shape of y: {}".format(y.shape))
```

结果如图 6 所示。

```
Shape of x: (2695, 5, 27)
Shape of y: (2695, 27)
```

图 6　编码为独热向量的变量

7. 使用 sklearn 的 train_test_split 方法，将数据划分为训练集和测试集：

```
from sklearn.model_selection import train_test_split

x_train, x_test, y_train, y_test = train_test_split(x, y, test_size=0.2,
shuffle=False)
print('x_train shape: {}'.format(x_train.shape))
print('y_train shape: {}'.format(y_train.shape))
print('x_test shape: {}'.format(x_test.shape))
print('y_test shape: {}'.format(y_test.shape))
```

结果如图 7 所示。

```
x_train shape: (2156, 5, 27)
y_train shape: (2156, 27)
x_test shape: (539, 5, 27)
y_test shape: (539, 27)
```

图 7　将数据划分为训练集和测试集

8．为神经网络准备好输入数据之后，创建一个两层的序列模型。

第一层：包含 8 个神经元的 LSTM 层（激活函数为 tanh），input_shape 是序列的最大长度和词汇表的大小。

第二层：包含 27 个神经元的全连接层，这样就足以完成本项目了。使用 LeakyRelu 激活函数会获得不错的结果，这是为什么呢？原因在于输出中包含很多 0，可能会导致神经网络出现问题，只返回一个由 0 构成的向量，而使用 LeakyReLU 激活函数可以避免这个问题：

```
model = Sequential()
model.add(LSTM(8,input_shape=(maxlen,y_labels)))
model.add(Dense(y_labels))
model.add(LeakyReLU(alpha=.01))

model.compile(loss='mse', optimizer='rmsprop')
```

9．训练模型。将批量大小设置为 32，将训练周期设置为 25：

```
history = model.fit(x_train, y_train, batch_size=32, epochs=25, verbose=1)
```

结果如图 8 所示。

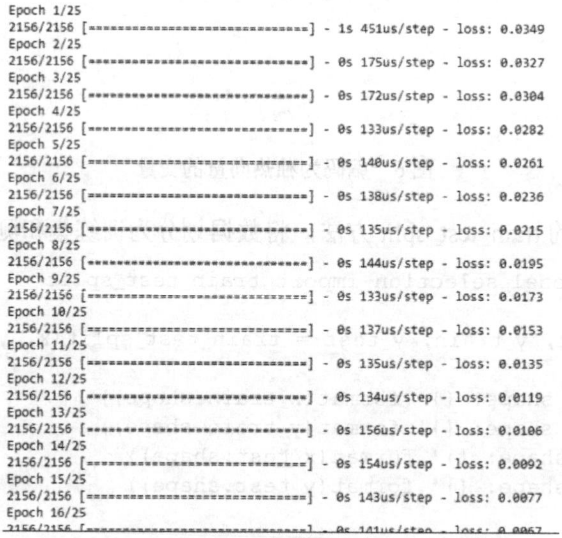

```
Epoch 1/25
2156/2156 [==============================] - 1s 451us/step - loss: 0.0349
Epoch 2/25
2156/2156 [==============================] - 0s 175us/step - loss: 0.0327
Epoch 3/25
2156/2156 [==============================] - 0s 172us/step - loss: 0.0304
Epoch 4/25
2156/2156 [==============================] - 0s 133us/step - loss: 0.0282
Epoch 5/25
2156/2156 [==============================] - 0s 140us/step - loss: 0.0261
Epoch 6/25
2156/2156 [==============================] - 0s 138us/step - loss: 0.0236
Epoch 7/25
2156/2156 [==============================] - 0s 135us/step - loss: 0.0215
Epoch 8/25
2156/2156 [==============================] - 0s 144us/step - loss: 0.0195
Epoch 9/25
2156/2156 [==============================] - 0s 133us/step - loss: 0.0173
Epoch 10/25
2156/2156 [==============================] - 0s 137us/step - loss: 0.0153
Epoch 11/25
2156/2156 [==============================] - 0s 135us/step - loss: 0.0135
Epoch 12/25
2156/2156 [==============================] - 0s 134us/step - loss: 0.0119
Epoch 13/25
2156/2156 [==============================] - 0s 156us/step - loss: 0.0106
Epoch 14/25
2156/2156 [==============================] - 0s 154us/step - loss: 0.0092
Epoch 15/25
2156/2156 [==============================] - 0s 143us/step - loss: 0.0077
Epoch 16/25
2156/2156 [==============================] - 0s 141us/step - loss: 0.0067
```

图 8   使用 32 作为批量大小，训练 25 个周期

10．计算模型误差：

```
print('MSE: {:.5f}'.format(model.evaluate(x_test, y_test)))
```

结果如图 9 所示。

```
539/539 [==============================] - 0s 271us/step
MSE: 0.00051
```

图 9　模型误差

11．对测试数据进行预测，检查一下预测准确率。使用这个模型获得的预测准确率均值大于 90%：

```
prediction = model.predict(x_test)

errors = 0
for pr, res in zip(prediction, y_test):
    if not np.array_equal(np.around(pr),res):
        errors+=1

print("Errors: {}".format(errors))
print("Hits: {}".format(len(prediction) - errors))
print("Hit average: {}".format((len(prediction) - errors)/
len(prediction)))
```

结果如图 10 所示。

```
Errors: 0
Hits: 539
Hit average: 1.0
```

图 10　对测试数据进行预测

12．为了完成本项目，需要创建一个函数。该函数接收一个字符序列，然后返回预测的序列之后的下一个字符。为了对模型的预测值进行解码，首先需要编写一个解码方法，该方法在预测向量中搜索较高的数值，然后在 char2id 字典中获取相应的字符。

```
def decode(vec):
    val = np.argmax(vec)
    return list(char2id.keys())[list(char2id.values()).index(val)]
```

13．创建一个方法来预测给定句子中的下一个字符：

```
def pred_seq(seq):
    seq = list(seq)
    x = one_hot_encoder(seq,char2id)
    x = np.expand_dims(x, axis=0)
    prediction = model.predict(x, verbose=0)
    return decode(list(prediction[0]))
```

14. 输入序列'tyuio'，让模型预测下一个字符，模型会返回'p'：

```
pred_seq('tyuio')
```

结果如图 11 所示。

'p'

图 11 预测输出结果

至此，你已经完成了本项目，能够预测时间序列的输出值了。这个方法在金融领域非常有用，可以用来预测未来的价格或者股票走势。

你可以使用不同的数据，预测自己希望预测的东西。如果使用语料库作为数据，就能够利用 RNN 语言模型来生成文本。我们未来的对话代理能够生成诗歌或新闻文本。

第5章 计算机视觉中的卷积神经网络

项目5：使用数据增强来正确对花朵图像进行分类

答案

1. 打开 Google Colab：

```
import numpyasnp
classes=['daisy','dandelion','rose','sunflower','tulip']
X=np.load("Dataset/flowers/%s_x.npy"%(classes[0]))
y=np.load("Dataset/flowers/%s_y.npy"%(classes[0]))
print(X.shape)
forflowerinclasses[1:]:
    X_aux=np.load("Dataset/flowers/%s_x.npy"%(flower))
    y_aux=np.load("Dataset/flowers/%s_y.npy"%(flower))
    print(X_aux.shape)
    X=np.concatenate((X,X_aux),axis=0)
    y=np.concatenate((y,y_aux),axis=0)

print(X.shape)
print(y.shape)
```

 需要使用 Dataset 文件夹来挂载 drive，然后设置相应的路径。

2. 展示数据集中的一些示例图像：

```
import random
random.seed(42)
from matplotlib import pyplot as plt
import cv2

for idx in range(5):
    rnd_index = random.randint(0, 4000)
    plt.subplot(1,5,idx+1),plt.imshow(cv2.cvtColor(X[rnd_index],cv2.COLOR_
BGR2RGB))
    plt.xticks([]),plt.yticks([])
    plt.savefig("flowers_samples.jpg", bbox_inches='tight')
plt.show()
```

输出结果如图 12 所示。

图 12　数据集中的示例图像

3. 进行归一化，然后将类别数据转换为独热编码：

```
from keras import utils as np_utils
X = (X.astype(np.float32))/255.0
y = np_utils.to_categorical(y, len(classes))
print(X.shape)
print(y.shape)
```

4. 划分训练集和测试集：

```
from sklearn.model_selection import train_test_split
x_train, x_test, y_train, y_test = train_test_split(X, y, test_size=0.2)
input_shape = x_train.shape[1:]
print(x_train.shape)
print(y_train.shape)
print(x_test.shape)
print(y_test.shape)
print(input_shape)
```

5. 导入库并构建 CNN：

```
from keras.models import Sequential
```

```
from keras.callbacks import ModelCheckpoint
from keras.layers import Input, Dense, Dropout, Flatten
from keras.layers import Conv2D, Activation, BatchNormalization
def CNN(input_shape):
    model = Sequential()

    model.add(Conv2D(32, kernel_size=(5, 5), padding='same',
strides=(2,2), input_shape=input_shape))
    model.add(Activation('relu'))
    model.add(BatchNormalization())
    model.add(Dropout(0.2))

model.add(Conv2D(64, kernel_size=(3, 3), padding='same',
strides=(2,2)))
    model.add(Activation('relu'))
    model.add(BatchNormalization())
    model.add(Dropout(0.2))

    model.add(Conv2D(128, kernel_size=(3, 3), padding='same',
strides=(2,2)))
    model.add(Activation('relu'))
    model.add(BatchNormalization())
    model.add(Dropout(0.2))

    model.add(Conv2D(256, kernel_size=(3, 3), padding='same',
strides=(2,2)))
    model.add(Activation('relu'))
    model.add(BatchNormalization())
    model.add(Dropout(0.2))

    model.add(Flatten())
    model.add(Dense(512))
    model.add(Activation('relu'))
    model.add(BatchNormalization())
    model.add(Dropout(0.5))
    model.add(Dense(5, activation = "softmax"))

    return model
```

6. 声明 ImageDataGenerator：

```
from keras.preprocessing.image import ImageDataGenerator
datagen = ImageDataGenerator(
        rotation_range=10,
        zoom_range = 0.2,
        width_shift_range=0.2,
```

```
            height_shift_range=0.2,
            shear_range=0.1,
            horizontal_flip=True
            )
```

7. 进行模型训练：

```
datagen.fit(x_train)

model = CNN(input_shape)

model.compile(loss='categorical_crossentropy', optimizer='Adadelta',
metrics=['accuracy'])

ckpt = ModelCheckpoint('Models/model_flowers.h5', save_best_
only=True,monitor='val_loss', mode='min', save_weights_only=False)
```

//{...}##详细代码可以从配套资源中获取##

```
model.fit_generator(datagen.flow(x_train, y_train,
                                 batch_size=32),
                    epochs=200,
                    validation_data=(x_test, y_test),
                    callbacks=[ckpt],
                    steps_per_epoch=len(x_train) // 32,
                    workers=4)
```

8. 进行模型评估：

```
from sklearn import metrics
model.load_weights('Models/model_flowers.h5')
y_pred = model.predict(x_test, batch_size=32, verbose=0)
y_pred = np.argmax(y_pred, axis=1)
y_test_aux = y_test.copy()
y_test_pred = list()
for i in y_test_aux:
    y_test_pred.append(np.argmax(i))
```

//{...}
##详细代码可以从配套资源中获取##

```
print (y_pred)

# 对预测进行评估
accuracy = metrics.accuracy_score(y_test_pred, y_pred)
```

```
print('Acc: %.4f' % accuracy)
```

9. 实现了 91.68% 的准确度。

10. 在没见过的数据上测试模型：

```
classes = ['daisy','dandelion','rose','sunflower','tulip']
images = ['sunflower.jpg','daisy.jpg','rose.jpg','dandelion.jpg','tulip
.jpg']
model.load_weights('Models/model_flowers.h5')

for number in range(len(images)):
    imgLoaded = cv2.imread('Dataset/testing/%s'%(images[number]))
    img = cv2.resize(imgLoaded, (150, 150))
    img = (img.astype(np.float32))/255.0
    img = img.reshape(1, 150, 150, 3)
    plt.subplot(1,5,number+1),plt.imshow(cv2.cvtColor(imgLoaded,cv2.COLOR_
BGR2RGB))
    plt.title(np.argmax(model.predict(img)[0]))
    plt.xticks([]),plt.yticks([])
plt.show()
```

输出结果如图 13 所示。

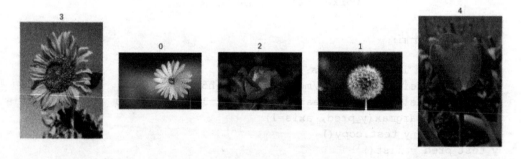

图 13   Activity05 中花朵的预测结果

 本项目的详细代码可以从配套资源的 Lesson05/Activity05 获取。

第6章 机器人操作系统（ROS）

项目 6：模拟器和传感器

答案

1. 创建软件包和文件：

```
cd ~/catkin_ws/src
catkin_create_pkg activity1 rospy sensor_msgs
cd activity1
mkdir scripts
cd scripts
touch observer.py
touch movement.py
chmod +x observer.py
chmod +x movement.py
```

2. 实现图像获取节点的实现。

将以下代码添加到 observer.py 文件中：

```python
#!/usr/bin/env python
import rospy
from sensor_msgs.msg import Image
import cv2
from cv_bridge import CvBridge

class Observer:
    bridge = CvBridge()
    counter = 0

    def callback(self, data):
        if self.counter == 20:
            cv_image = self.bridge.imgmsg_to_cv2(data, "bgr8")
            cv2.imshow('Image',cv_image)
            cv2.waitKey(1000)
            cv2.destroyAllWindows()
            self.counter = 0
        else:
```

```
                    self.counter += 1

        def observe(self):
            rospy.Subscriber('/camera/rgb/image_raw', Image, self.callback)
            rospy.init_node('observer', anonymous=True)
            rospy.spin()


    if __name__ == '__main__':
        obs = Observer()
        obs.observe()
```

可以看到，这个节点和"练习 21"中的节点非常相似，区别如下。

- 使用了一个计数器，用来显示接收到的每 20 个图像中的一个图像。

- 输入了 1000（ms）作为 Key 函数的参数，将每个图像的显示时间设置为 1 s。

3. 运动节点的实现如下：

```
#!/usr/bin/env python
import rospy
from geometry_msgs.msg import Twist


def move():
    pub = rospy.Publisher('/mobile_base/commands/velocity', Twist, queue_
size=1)
    rospy.init_node('movement', anonymous=True)
    move = Twist()
    move.angular.z = 0.5
    rate = rospy.Rate(10)
    while not rospy.is_shutdown():
        pub.publish(move)
        rate.sleep()


if __name__ == '__main__':
    try:
        move()
    except rospy.ROSInterruptException:
        pass
```

4. 为了执行该文件，需要执行以下代码：

```
cd ~/catkin_ws
```

```
source devel/setup.bash
roscore
roslaunch turtlebot_gazebo turtlebot_world.launch
rosrun activity1 observer.py
rosrun activity1 movement.py
```

5. 运行这两个节点，检查系统的运行情况。应该可以看到机器人开始旋转，同时显示它所看到的图像。下面是执行中获得的一系列图像，如图14～图16所示。

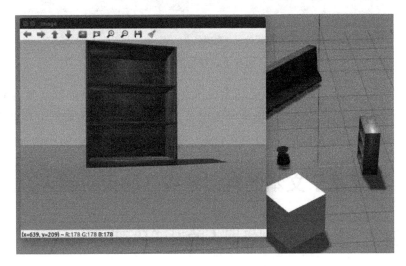

图14 运行节点获得的第一个图像

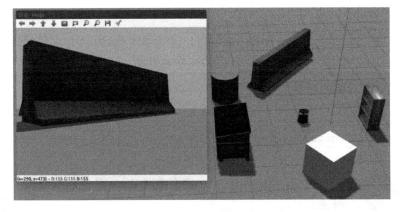

图15 运行节点获得的第二个图像

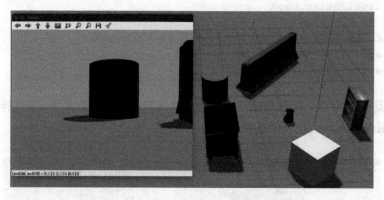

图 16 运行节点获得的第三个图像

至此，你已经完成了本项目。成功完成本项目之后，你已经能够实现并利用节点，从而订阅一个摄像头，展示虚拟环境中的图像了，还能够让机器人旋转并帮助你查看这些图像。

第 7 章 构建基于文本的对话系统（聊天机器人）

项目 7：创建一个用来控制机器人的对话代理

答案

1. 打开 Google Colab。

2. 为本书创建一个文件夹，从配套资源的 Lesson07/Activity07 文件夹中找到 utils、responses 和 training 文件夹，并上传到新建的文件夹中。

3. 导入 drive 并执行挂载：

```
from google.colab import drive
drive.mount('/content/drive')
```

每次新建 colaborator 时，都需要将 drive 挂载到相应文件夹。

4. 首次挂载 drive 时，需要单击 Google 提供的 URL 来获取验证码，然后输入验证码并按 Enter 键，如图 17 所示。

图 17 Google Colab 验证步骤

5. drive 的挂载完成之后，需要设置工作路径：

```
cd /content/drive/My Drive/C13550/Lesson07/Activity01
```

 根据你在 Google Drive 上的具体设定，实际路径可能会和步骤 5 中提到的不同，但一定会以/content/drive/My Drive 开头。

6. 导入 chatbot_intro 文件：

```
from chatbot_intro import *
```

7. 定义 GloVe 模型：

```
filename = '../utils/glove.6B.50d.txt.word2vec'
model = KeyedVectors.load_word2vec_format(filename, binary=False)
```

8. 列出答复句子和训练句子的文档：

```
intent_route = 'training/'
response_route = 'responses/'
intents = listdir(intent_route)
responses = listdir(response_route)

print("Documents: ", intents)
```

结果如图 18 所示。

```
Documents:  ['backward.txt', 'right.txt', 'environment.txt', 'left.txt', 'forward.txt']
```

图 18 意图文档列表

9. 创建文档向量：

```
doc_vectors = np.empty((0,50), dtype='f')
for i in intents:
```

```
    with open(intent_route + i) as f:
        sentences = f.readlines()
    sentences = [x.strip() for x in sentences]
    sentences = pre_processing(sentences)
doc_vectors= np.append(doc_vectors,doc_vector(sentences,model),axis=0)

print("Shape of doc_vectors:",doc_vectors.shape)
print(" Vector representation of backward.txt:\n",doc_vectors)
```

结果如图 19 所示。

```
Shape of doc_vectors: (5, 50)
 Vector representation of backward.txt:
[[-6.07202910e-02 -3.90555531e-01  2.96240002e-01 -5.61776638e-01
   1.42276779e-01 -3.37033987e-01 -6.26757741e-01  9.03290212e-02
  -2.96840459e-01 -1.33693099e-01 -1.55952871e-01  4.51840013e-02
  -8.24113309e-01  1.94479778e-01  2.00248867e-01  4.67142224e-01
   3.89170140e-01 -3.62565696e-01 -2.67985016e-01 -4.58462238e-01
  -1.05254777e-01  2.20742196e-01  8.44515488e-02  1.64389551e-01
   5.83223104e-01 -1.55444455e+00  2.21388876e-01  3.35042506e-01
   6.60393357e-01 -6.60306692e-01  3.16892219e+00  6.72308862e-01
  -1.78230986e-01  1.20764457e-01 -1.16702288e-01 -6.33963272e-02
  -1.68588996e-01  2.74191767e-01  3.96811105e-02 -2.69801974e-01
  -5.43497801e-01  5.43065369e-02  8.82550105e-02  1.54200032e-01
  -3.06477875e-01  4.63499948e-02  5.00185013e-01 -4.89481091e-01
   2.33668815e-02 -2.02015787e-01]
 [ 1.50958434e-01 -1.11912321e-02  6.25830665e-02 -3.13090742e-01
   5.61992288e-01  1.35807067e-01 -4.35773849e-01  1.17024630e-01
  -1.90026194e-01 -1.01508908e-01  3.12561542e-02  1.85585365e-01
```

图 19　doc_vectors 的形状

10. 预测意图：

```
user_sentence = "Look to the right"

user_sentence = pre_processing([user_sentence])
user_vector = doc_vector(user_sentence,model).reshape(100,)
intent = intents[select_intent(user_vector, doc_vectors)]
intent
```

结果如图 20 所示。

```
'right.txt'
```

图 20　预测的意图

至此，你已经完成了本项目。如果愿意，还可以添加更多意图，训练 GloVe 模型获得更好的效果。

第 8 章 利用基于 CNN 的物体识别来指导机器人

项目 8：视频中的多物体检测和识别

答案

1. 挂载 drive：

```
from google.colab import drive
drive.mount('/content/drive')

cd /content/drive/My Drive/C13550/Lesson08/
```

2. 安装所需库：

```
pip3 install https://github.com/OlafenwaMoses/ImageAI/releases/
download/2.0.2/imageai-2.0.2-py3-none-any.whl
```

3. 导入所需库：

```
from imageai.Detection import VideoObjectDetection
from matplotlib import pyplot as plt
```

4. 声明模型：

```
video_detector = VideoObjectDetection()
video_detector.setModelTypeAsYOLOv3()
video_detector.setModelPath("Models/yolo.h5")
video_detector.loadModel()
```

5. 声明回调函数：

```
color_index = {'bus': 'red', 'handbag': 'steelblue', 'giraffe': 'orange',
'spoon': 'gray', 'cup': 'yellow', 'chair': 'green', 'elephant': 'pink',
'truck': 'indigo', 'motorcycle': 'azure', 'refrigerator': 'gold',
'keyboard': 'violet', 'cow': 'magenta', 'mouse': 'crimson', 'sports ball':
'raspberry', 'horse': 'maroon', 'cat': 'orchid', 'boat': 'slateblue',
'hot dog': 'navy', 'apple': 'cobalt', 'parking meter': 'aliceblue',
'sandwich': 'skyblue', 'skis': 'deepskyblue', 'microwave': 'peacock',
'knife': 'cadetblue', 'baseball bat': 'cyan', 'oven': 'lightcyan',
'carrot': 'coldgrey', 'scissors': 'seagreen', 'sheep': 'deepgreen',
```

```
'toothbrush': 'cobaltgreen', 'fire hydrant': 'limegreen', 'remote':
'forestgreen', 'bicycle': 'olivedrab', 'toilet': 'ivory', 'tv': 'khaki',
'skateboard': 'palegoldenrod', 'train': 'cornsilk', 'zebra': 'wheat',
'tie': 'burlywood', 'orange': 'melon', 'bird': 'bisque', 'dining table':
'chocolate', 'hair drier': 'sandybrown', 'cell phone': 'sienna', 'sink':
'coral', 'bench': 'salmon', 'bottle': 'brown', 'car': 'silver', 'bowl':
'maroon', 'tennis racket': 'palevilotered', 'airplane': 'lavenderblush',
'pizza': 'hotpink', 'umbrella': 'deeppink', 'bear': 'plum', 'fork':
'purple', 'laptop': 'indigo', 'vase': 'mediumpurple', 'baseball glove':
'slateblue', 'traffic light': 'mediumblue', 'bed': 'navy', 'broccoli':
'royalblue', 'backpack': 'slategray', 'snowboard': 'skyblue', 'kite':
'cadetblue', 'teddy bear': 'peacock', 'clock': 'lightcyan', 'wine glass':
'teal', 'frisbee': 'aquamarine', 'donut': 'mincream', 'suitcase':
'seagreen', 'dog': 'springgreen', 'banana': 'emeraldgreen', 'person':
'honeydew', 'surfboard': 'palegreen', 'cake': 'sapgreen', 'book':
'lawngreen', 'potted plant': 'greenyellow', 'toaster': 'ivory', 'stop
sign': 'beige', 'couch': 'khaki'}


def forFrame(frame_number, output_array, output_count, returned_frame):

    plt.clf()

    this_colors = []
    labels = []
    sizes = []

    counter = 0

    for eachItem in output_count:
        counter += 1
        labels.append(eachItem + " = " + str(output_count[eachItem]))
        sizes.append(output_count[eachItem])
        this_colors.append(color_index[eachItem])

    plt.subplot(1, 2, 1)
    plt.title("Frame : " + str(frame_number))
    plt.axis("off")
    plt.imshow(returned_frame, interpolation="none")

    plt.subplot(1, 2, 2)
    plt.title("Analysis: " + str(frame_number))
    plt.pie(sizes, labels=labels, colors=this_colors, shadow=True,
startangle=140, autopct="%1.1f%%")

    plt.pause(0.01)
```

6. 运行 Matplotlib 和进行视频检测：

```
plt.show()

video_detector.detectObjectsFromVideo(input_file_path="Dataset/videos/
street.mp4", output_file_path="output-video" , frames_per_second=20,
per_frame_function=forFrame, minimum_percentage_probability=30, return_
detected_frame=True, log_progress=True)
```

输出结果如图 21 所示。

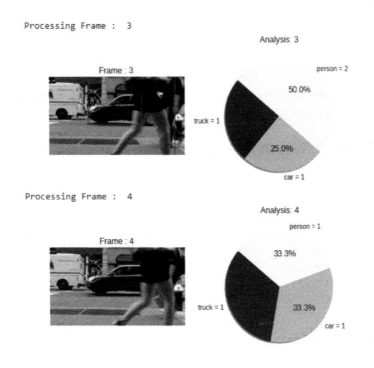

图 21　ImageAI 的视频物体检测输出结果

可以看到，模型基本能够正确检测到物体。输出的视频位于第 8 章的根目录，视频中标出了所有检测到的物体。

在配套资源的 Lesson08/Dataset/videos 文件夹中有一个
额外的视频：park.mp4。可以按照上述步骤，识别这个
视频中的物体。

第 9 章　机器人的计算机视觉

项目 9：机器人保安

答案

1. 在 catkin 工作空间中创建一个新的软件包，其中包含集成的节点。执行以下命令，以包含正确的依赖项：

```
cd ~/catkin_ws/
source devel/setup.bash
roscore
cd src
catkin_create_pkg activity1 rospy cv_bridge geometry_msgs image_transport
sensor_msgs std_msgs
```

2. 切换到软件包文件夹，新建一个名为 scripts 的目录，然后创建一个 Python 文件并添加可执行权限：

```
cd activity1
mkdir scripts
cd scripts
touch activity.py
touch activity_sub.py
chmod +x activity.py
chmod +x activity_sub.py
```

3. 第一个节点的实现过程如下。

导入所需库：

```
#!/usr/bin/env python
import rospy
import cv2
import sys
import os
from cv_bridge import CvBridge, CvBridgeError
from sensor_msgs.msg import Image
from std_msgs.msg import String
sys.path.append(os.path.join(os.getcwd(), '/home/alvaro/Escritorio/tfg/
darknet/python/'))
```

```
import darknet as dn
```

 根据你的计算机中目录的不同,上面提到的路径可能会有所不同。

类的定义:

```
class Activity():
    def __init__(self):
```

对节点、订阅者和网络进行初始化:

```
rospy.init_node('Activity', anonymous=True)
self.bridge = CvBridge()
self.image_sub = rospy.Subscriber("camera/rgb/image_raw", Image,
self.imageCallback)
self.pub = rospy.Publisher('yolo_topic', String, queue_size=10)
self.imageToProcess = None
cfgPath = "/home/alvaro/Escritorio/tfg/darknet/cfg/yolov3.cfg"
weightsPath = "/home/alvaro/Escritorio/tfg/darknet/yolov3.weights"
dataPath = "/home/alvaro/Escritorio/tfg/darknet/cfg/coco2.data"
self.net = dn.load_net(cfgPath, weightsPath, 0)
self.meta = dn.load_meta(dataPath)
self.fileName = 'predict.jpg'
self.rate = rospy.Rate(10)
```

 根据你的计算机中目录的不同,上面提到的路径可能会有所不同。

定义图像的回调函数,从机器人摄像头中获取图像:

```
def imageCallback(self, data):
    self.imageToProcess = self.bridge.imgmsg_to_cv2(data, "bgr8")
```

定义节点的主要函数:

```
def run(self):
    print("The robot is recognizing objects")

    while not rospy.core.is_shutdown():
```

```
        if(self.imageToProcess is not None):
            cv2.imwrite(self.fileName, self.imageToProcess)
```

用于对图像进行预测的方法：

```
r = dn.detect(self.net, self.meta, self.fileName)

objects = ""

for obj in r:
    objects += obj[0] + " "
```

发布预测：

```
self.pub.publish(objects)
self.rate.sleep()
```

程序入口：

```
if __name__ == '__main__':
    dn.set_gpu(0)
    node = Activity()
    try:
        node.run()
    except rospy.ROSInterruptException:
        pass
```

4. 实现第二个节点。

导入所需库：

```
#!/usr/bin/env python
import rospy
from std_msgs.msg import String
```

类的定义：

```
class ActivitySub():

    yolo_data = ""

    def __init__(self):
```

对节点进行初始化，并定义订阅者：

```
rospy.init_node('ThiefDetector', anonymous=True)
rospy.Subscriber("yolo_topic", String, self.callback)
```

用于获取所发布数据的回调函数：

```
def callback(self, data):
    self.yolo_data = data

def run(self):
    while True:
```

如果检测到图像中有人，则启动警报：

```
if "person" in str(self.yolo_data):
    print("ALERT: THIEF DETECTED")
    break
```

程序入口：

```
if __name__ == '__main__':
    node = ActivitySub()
    try:
      node.run()
    except rospy.ROSInterruptException:
        pass
```

5. 切换到 scripts 文件夹：

```
cd ../../
cd ..
cd src/activity1/scripts/
```

6. 执行 movement.py 文件：

```
touch movement.py
chmod +x movement.py
cd ~/catkin_ws
source devel/setup.bash
roslaunch turtlebot_gazebo turtlebot_world.launch
```

7. 新建一个终端，执行以下命令，获得输出结果：

```
cd ~/catkin_ws
source devel/setup.bash
rosrun activity1 activity.py

cd ~/catkin_ws
source devel/setup.bash
rosrun activity1 activity_sub.py

cd ~/catkin_ws
source devel/setup.bash
rosrun activity1 movement.py
```

8. 同时运行这两个节点。图 22 所示为一个执行示例。

Gazebo 场景如图 22 所示。

图 22　本项目的场景示例

第一个节点的输出结果如图 23 所示。

The robot is recognizing objects

图 23　第一个节点的输出结果

第二个节点的输出结果如图 24 所示。

ALERT: THIEF DETECTED

图 24　第二个节点的输出结果